KLEINE BÄUME FÜR DEN GARTEN

PLANTVS

KLEINE BÄUME FÜR DEN GARTEN

SCHNELLER SICHTSCHUTZ | KÜHLER SCHATTEN

SONJA DI LEO | FOLKO KULLMANN

INHALT

EIN BUCH ÜBER BÄUME?

Wie kommt es, dass ein Gartenfachmann – Folko Kullmann – und eine Gartenbloggerin – Sonja Di Leo –, die sich hauptsächlich auf Instagram rumtreibt, auf einmal zusammen ein Buch schreiben? Das lässt sich relativ kurz erklären. Das Einzige, was es dazu braucht, ist eine gute Idee, ein paar Gläser Wein und das Gefühl, da fügen sich zwei Dinge zusammen, die genau zusammenpassen: Fachwissen – ja richtig, hier ist Folko am Start – und eine sehr naive Herangehensweise aus Anwendersicht mit irre vielen Fragen – das ist Sonjas Part. Herausgekommen ist ein Buch, das fundiertes Wissen so einfach vermittelt, dass es auch der Nichtfachmann versteht, wobei auch Fragen beantwortet werden, an die man vielleicht nicht direkt im Kopf hat, wenn man ans Pflanzen eines Baumes denkt. Wir haben fast zwei Jahre Arbeit, Recherche und ganz viel Herzblut in dieses Buch gesteckt, daher findest du hier auch viele persönliche Erfahrungswerte und Tipps. Außerdem zeigen wir Fotos aus echten Gärten mit ganz vielen Gestaltungstipps.

» Kleine Bäume für den Garten « ist ein Ratgeber, wir hoffen aber, dass wir dir auf leichte unterhaltsame Weise deine Fragen beantworten können und du beim nächsten Baum genau weißt, auf was du achten solltest, bevor der Baum seinen Standort findet.

Die durchschnittliche Grundstücksgröße eines Einfamilienhauses mit Garten beträgt in Deutschland zwischen 400 und 600 m². Reihenhäusern werden um einiges kleinere Grundstücke zugeteilt. Viel Platz für große Bäume bleibt da nicht, aber so ganz ohne ein schattiges Plätzchen möchte man den Garten ja auch nicht anlegen. Wusstest du, dass Bäume das Klima innerhalb des Gartens verändern können? Ihre Kronen filtern Sonnenstrahlen, senken die Bodentemperatur um bis zu 10 °C an heißen Tagen, und verhindern so eine Überhitzung der Umgebung. Das schützt darunter wachsende Pflanzen vor Verbrennung und reduziert ihre Verdunstung, was Wasser spart. Gehölze wirken wie eine natürliche Klimaanlage. Insgesamt schaffen Bäume ein ausgewogenes, gesundes Mikroklima in deinem Garten.

Bäume und Sträucher bieten aber nicht nur Schatten. Sie liefern auch Sichtschutz und Lärmschutz. Und aus rein gartenplanerischer Sicht: Ein Garten ohne Höhe durch Bäume oder Sträucher wirkt langweilig; sie sind also auch ein wichtiges Gestaltungsmerkmal.

Beim Kauf von Bestandsimmobilien ist oft schon ein angelegter Garten mit Gehölzen vorhanden. Aber nicht immer trifft das dann auch den Geschmack der neuen Eigentümer. Nicht alle alten Gehölze lassen sich entfernen, aber es besteht die Möglichkeit, sie durch einen behutsamen Schnitt luftiger zu machen oder sie mit neuen Gehölzen zu ergänzen.

Bei einer kompletten Neuanlage fehlt es an schattigen Plätzen im Garten oder es gibt keinen Sichtschutz rund ums Grundstück. Hier fängt man bei null an und muss sich genau überlegen, welcher Baum oder welcher Strauch wo Sinn ergibt und welcher Zweck erfüllt werden soll. Und dabei möchten wir dir mit diesem Ratgeber beiseite stehen!

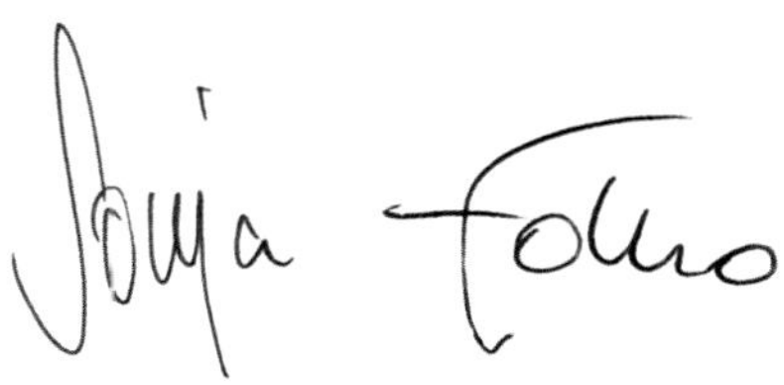

DEINE
INDIVIDUELLE
PLANUNG

WELCHER BAUM FÜR MICH?

#1 LOS GEHT'S

DER WEG ZUM BAUM

Auf was muss ich achten, wenn ich einen Baum oder einen Strauch in meinen Garten pflanze? Kann ich nicht einfach irgendwas einbuddeln und warten, was daraus wird? Und wenn's zu groß wird, schneide ich was ab? Für jeden Garten gibt es den perfekten Baum, und man findet ihn auch – wenn man sich auskennt.

Wenn du weißt, wie ein Baum wächst und welche Merkmale er hat, kannst du ihn einordnen und dann entscheiden, ob er infrage kommt oder du dich doch lieber für etwas anderes entscheidest. Daher ist der wichtigste Faktor beim Kauf eines Baums: **Kenne den Baum!** Informiere dich über Höhe, Kronenform, Blüte, Laub, Ansprüche an Standort und Boden und entscheide dann, ob der Baum in deinen Garten passt. Denn wenn du einen Baum einmal gepflanzt hast und er eingewachsen ist, lässt er sich so schnell nicht mehr umsetzen.

Welchen Nutzen soll der Baum haben?

Möchte ich einfach nur einen schönen Baum im Garten stehen haben oder soll er mir auch in irgendeiner Art und Weise nutzen oder spezielle Merkmale besitzen? Darüber solltest du dir Gedanken machen, bevor du auf die Suche gehst. Hättest du gerne ein schattiges Plätzchen im Garten oder möchtest du dich und deine Lieben vor neugierigen Blicken schützen? Soll dein Baum im Frühjahr mit Blüten überzogen sein oder ist dir vielleicht buntes Laub im Herbst wichtiger? Wie sieht es mit Früchten aus? Oder vielleicht doch lieber eine ganz pflegeleichte Variante? Diese Fragen stellst du dir am besten, bevor du dich für einen Baum entscheidest. Mach dir eine Liste mit Eigenschaften, die dir besonders wichtig sind.

KLEINER EXKURS: BOTANIK-BASICS

BOTANIK FAKT #1 WAS IST EIN GEHÖLZ?

Als Gehölze bezeichnet man alle Pflanzen, die verholzen und mehrere Jahre alt werden. Es gibt sogar Bäume, die mehrere Tausend Jahre als sind. Die holzigen Triebe sterben im Winter nicht ab, sondern wachsen Jahr für Jahr weiter. Genau das unterscheidet sie von Stauden, deren oberirdische Teile ja absterben und die dann jedes Jahr aus dem Wurzelstock neu austreiben.
Zu den Gehölzen zählen Bäume und Sträucher – egal ob sie sommergrün oder immergrün sind.

Botanisch spannend ist: Gehölze und Stauden können trotzdem zur gleichen Pflanzenfamilie gehören. Ein bekanntes Beispiel sind die Rosengewächse (*Rosaceae*). Dazu zählen Gehölze wie Apfel, Kirsche oder Rosen ebenso wie Stauden etwa Frauenmantel oder Fingerkraut. Ob eine Pflanze als Gehölz oder Staude gilt, hat also weniger mit Verwandtschaft zu tun als mit ihrer Wuchsform und Lebensweise.

BOTANIK FAKT #2 BAUM ODER STRAUCH?

Der Unterschied zwischen Baum und Strauch ist weniger eine Frage der Art als der Wuchsform. Ein Baum hat in der Regel einen klaren Stamm, der sich erst weiter oben verzweigt. Ein Strauch wächst dagegen mit mehreren Trieben direkt aus dem Boden. Viele Gehölze sind dabei erstaunlich flexibel: Mit dem richtigen Schnitt kann ein Strauch zum kleinen Baum werden – oder ein Baum strauchförmig gehalten werden.

BOTANIK FAKT #3 WIE WACHSEN GEHÖLZE?

Gehölze wachsen nicht einfach »irgendwie«, sondern nach einem klaren Prinzip. Das Längenwachstum findet an den Triebspitzen statt: Dort entstehen jedes Jahr neue Blätter, Knospen und Zweige. Gleichzeitig sorgt eine dünne Zellschicht direkt unter der Rinde – das sogenannte Kambium – für das Dickenwachstum. Hier bildet der Baum Jahr für Jahr neues Holz nach innen und neue Rinde nach außen. Die sichtbaren Jahresringe im Holz sind das Ergebnis dieses Prozesses.

Wichtig ist dabei das Zusammenspiel von Wurzeln, Stamm und Krone. Alle drei Bereiche stehen in ständigem Austausch. Wird die Krone stark geschnitten, reagiert der Baum oft mit kräftigem Neuaustrieb. Umgekehrt begrenzen schwache oder geschädigte Wurzeln das Wachstum oberirdisch. Genau deshalb haben Schnitt, Standort und Pflege immer Auswirkungen auf die gesamte Pflanze – Gehölze denken sozusagen »im Ganzen«.

BOTANIK FAKT #4 BAMBUS IST EIN GRAS

So massiv Bambus wirkt, botanisch gehört er zu den Gräsern. Seine Halme verholzen zwar, wachsen aber nicht jedes Jahr weiter in die Höhe. Jeder Halm erreicht seine Endgröße in einer einzigen Saison und bleibt dann so. Neue Höhe entsteht nur durch neue Halme aus dem Boden.

Bestandsaufnahme

Welcher Baum passt zu mir und meinem Garten? Wie sieht es in deinem Garten aus? Hast Du bereits einen alten Baumbestand und möchtest diesen ergänzen? Oder fängst du in einem komplett neu angelegten Garten bei null an? In beiden Fällen solltest du dir auf jeden Fall Gedanken machen, wo du Bäume und Sträucher platzieren möchtest und welchen Zweck sie dort erfüllen sollen. Hier bekommst du eine Übersicht aller Punkte, die du dabei in Betracht ziehen kannst.

Sonjas Kugel-Ahorn wurde in den 1980er-Jahren als kleiner Baum gepflanzt und ist jetzt ein Riese, der regelmäßig geschnitten werden muss.

Wie viel Platz habe ich …

… und worauf muss ich bei der Auswahl von einem neuen Baum achten? Das Einschätzen von Räumen ist etwas, was nicht leichtfällt und gerade bei Bäumen ist das tatsächlich irre schwer, da man sie meistens relativ klein erwirbt. Dass der Wunschbaum irgendwann mal wesentlich höher und breiter wird als das zarte Bäumchen, welches man in der Baumschule vor sich sieht, sollte einem dabei bewusst sein.

Sonjas Erfahrung: Ein gutes Beispiel dafür ist der alte Kugel-Ahorn vor unserem Haus auf dem Bild links. Der steht dort seit Anfang der 1980er-Jahre und wurde als ganz kleines Bäumchen gepflanzt. Dass die Krone irgendwann mal immense Ausmaße annimmt und sogar auf dem Dach aufliegt, damit hat damals wohl niemand gerechnet. Uns bleibt nichts anderes übrig, als ihn regelmäßig zurückschneiden zu lassen. Bei der Größe muss das ein Fachmann machen, und das ist jedes Mal richtig teuer. Ein Baum mit einer kleineren Krone wäre an dieser Stelle wesentlich einfacher zu handhaben gewesen.

Daher sollte vor dem Kauf eines Baums Folgendes geklärt werden:

- Wie groß wird die Krone des Baums und daraus resultierend: Wie viel Platz habe ich zu nahen Gebäuden oder bereits bestehenden Gehölzen?
- Welche Abstände zu Grenzen – vor allem zu den Nachbarn – muss ich einhalten?
- Gibt es Straßenschilder oder -laternen, die in einer zu großen Krone verschwinden können?
- Sind ein Gehweg oder eine Terrasse in der Nähe oder Leitungen und Rohre im Boden, die durch zu starke Wurzeln Schaden nehmen können?

Nicht nur oberirdisch wächst ein Baum, auch die Wurzeln können sich mit den Jahren ganz schön breitmachen. Damit du da nicht irgendwann das Nachsehen hast – und damit sind nicht ein, zwei Jahre gemeint, denn ein Baum kann dir auch nach zehn Jahren noch locker Gehweg- oder Terrassenplatten anheben –, solltest du diesen Aspekt immer im Auge behalten.

Wohl dem, der einen so tollen alten Baum im Garten hat! Er lässt sich perfekt bei der Neu- und Umgestaltung integrieren.

Wie sind die Platzverhältnisse im Garten?

Kann ich einen Solitär, also ein Gehölz, das in Alleinstellung wirkt, pflanzen? Ein solcher Baum oder Strauch sollte mit genügend Abstand zu Mauern, Zäunen oder anderen Gehölzen gepflanzt werden, um sich voll entfalten zu können. Oder ist alles dicht an dicht und es braucht eher etwas für den Beethintergrund, das sich gut einfügt und nicht so viel Platz wegnimmt? Oft will man ja nur einen Zaun hinter Grün verstecken oder einfach Höhe im hinteren Teil eines schönen Beets schaffen.

Der richtige Standort

Viele, vor allem große Gärten werden den ganzen Tag von der Sonne beschienen und bieten daher Standorte für so ziemlich jeden Baum. Bei kleinen Gärten wird es allerdings schnell komplizierter, da es hier oftmals einen Schlagschatten von Gebäu-

Von vielen Großbäumen gibt es Sorten, die kleiner bleiben, wie diese Zwergform der Sumpf-Eiche (*Quercus palustris* 'Green Dwarf').

TIPP

Beobachte die Lichtverhältnisse in deinem Garten über einen längeren Zeitraum. So kannst du Standorte besser einschätzen. Es ist oft verblüffend, wie sehr sich der Stand der Sonne im Laufe des Jahres verändert, welche Bereiche wann sonnig, und wann schattiger sind.

den, Mauern oder Zäunen oder Schatten von hohem altem Baumbestand gibt. Das kann zur Herausforderung werden, hat aber oft auch seine Vorteile. Komplett schattig den ganzen Tag sind diese Standorte selten, aber zumindest halbschattig, und das solltest du beim Pflanzen auf jeden Fall nicht vergessen.

Eine Vielzahl von Bäumen kommt mit diesen Bedingungen sehr gut klar, zum Beispiel eine Felsenbirne. Durch die Gebäude, Mauern oder anderen Gehölze sind diese Gärten aber auch geschützt vor starken, kalten Winden und bieten so ideale Bedingungen für Bäume, die genau diese Bedingungen lieben. Japanische Fächer-Ahorne zum Beispiel fühlen sich hier sehr wohl und gedeihen in den halbschattigen, feuchten, geschützten Ecken prächtig.

Welchen Boden habe ich im Garten?

Bevor ich einen Baum in meinem Garten pflanze, sollte ich wissen, um welche Art von Boden es sich handelt und welche Eigenschaften dieser besitzt. Bäume sind auf den Boden angewiesen, um ihre Wurzeln zu verankern und Wasser sowie Nährstoffe wie Stickstoff, Phosphor und Kalium aufzunehmen, die für ihr gesundes Wachstum elementar sind.

Ob der Boden sandig, lehmig oder tonhaltig ist, beeinflusst, wie gut Wasser und Nährstoffe zu den Wurzeln gelangen kann. Ist der Boden verdichtet? Dann solltest du ihn lockern und für ausreichend Drainage sorgen, damit es an den Wurzeln nicht zu Staunässe kommt, die ganz schnell zu Wurzelfäule führen würde. Schwere Böden kannst du durch Zugabe von Sand verbessern. Ist der Boden zu sandig, bietet er eventuell nicht genügend Halt für den Baum und Nährstoffe werden schnell ausgewaschen. Hier kannst du durch Zugabe von Kompost die

Rhododendron und Azaleen fühlen sich im kühlen Schatten und sauren Boden unter der Blut-Buche (*Fagus sylvatica* 'Atropurpurea') besonders wohl.

Speicherkapazität von Nährstoffen verbessern.

Manche Gehölze haben bestimmte Ansprüche an den pH-Wert des Bodens. Den kannst du ganz einfach mit Bodenanalysetests messen. Viele typische Waldbäume wie Kiefern oder Eichen bevorzugen einen leicht sauren Boden, da sie an solche Bedingungen angepasst sind. Auch japanische Ahorne, Rhododendron oder Hartriegel fühlen sich in einem leicht sauren Milieu wohl. Der pH-Wert eines sauren Bodens liegt unter 7 – oft zwischen 4 und 6. Weiter verbreitet sind allerdings alkalische Böden, die meist einen pH-Wert zwischen 7 und 9 aufweisen. Ob sauer oder alkalisch, beides lässt sich in Maßen an die Bedürfnisse der Bäume anpassen. Bei sauren Böden zum Beispiel durch Zugabe von Kalk, was den pH-Wert erhöht, oder bei alkalischen Böden zum Beispiel durch Zugabe von Rhododendron-Erde, wodurch der Boden etwas saurer wird.

Unabhängig vom pH-Wert kannst du einiges tun, um einen gesunden Boden zu begünstigen: So schützt das Mulchen vor dem Austrocknen und fördert das Bodenleben.

» ICH HABE SEHR SCHWEREN LEHMBODEN IN MEINEM GARTEN UND FLUCHE JEDES MAL, WENN ICH EIN GRÖSSERES LOCH AUSHEBEN MUSS – VOR ALLEM, WEIL ICH WEISS, DASS ICH DESWEGEN AM BODEN FÜR EINE GUTE DRAINAGE SORGEN MUSS. DIE ARBEIT LOHNT SICH! «

— EURE SONJA

Wenn du Bäume direkt an die Grenze pflanzen willst, lohnt sich ein Gespräch mit den Nachbarn. Schließlich haben beide was vom Sichtschutz.

Abstände zum Nachbarn

Die meisten Gartenplanungen – vor allem bei kleinen Gärten – sehen Bäume am Rand des Grundstücks vor. Nur wenn viel Platz vorhanden ist, wird ein Baum mitten in eine Fläche gepflanzt. Das hat vor allem den Grund, dass man keinen Platz verschenken will, und die Bäume und Sträucher dienen an diesen Stellen in den meisten Fällen auch als Sichtschutz.

Gerade bei kleinen Grundstücken möchte man den Baum oder Strauch so dicht wie möglich an die Grenze setzen, aber wie dicht darf ich ran? Ist es okay, wenn Äste über den Zaun ragen oder wird es schon problematisch, wenn Laub zum Nachbarn fällt? Wie alles hierzulande ist auch dies genau geregelt. Im Fall von Bäumen und Sträuchern finden sich genaue Infos zu den Abständen in den Nachbarrechtsgesetzen der Bundesländer, und in den Gemeindeordnungen. Manche Städte unterscheiden sogar noch zwischen Innen- und Außenbezirken, was das Ganze nicht unbedingt einfacher macht. Da ist es immer ratsam, sich vorher zu informieren.

Es gibt allgemeine Richtwerte für Abstände, die in den meisten Fällen passen:

- Hohe Bäume über 2 m: mindestens 2 m Abstand zur Grundstücksgrenze
- Kleinere Bäume bis 2 m: mindestens 0,50 m Abstand
- Sträucher und Hecken: mindestens 0,50 m Abstand
- Obstbäume: 1,50–3 m Abstand

Der Abstand wird von der Mitte des Stammes bis zur Grundstücksgrenze gemessen. Wenn Äste oder Wurzeln auf das Nachbargrundstück ragen, kann der Nachbar einen Rückschnitt verlangen. Bäume, die schon sehr lange stehen, genießen teilweise Bestandsschutz, selbst wenn sie zu nah an der Grenze wachsen.

Neben diesen Vorschriften ist auch das Gespräch mit dem Nachbarn sehr wichtig. Daher sollte man sich nach Möglichkeit am besten direkt abstimmen und über das Pflanzvorhaben austauschen. Die meisten Bäume verlieren im Herbst ihr Laub, und nicht jeder ist glücklich darüber, wenn er auch noch die Blätter aus Nachbars Garten in seinem eigenen zusammenrechen muss. Doch nicht nur das Laub kann für Ärger sorgen, auch herabfallende Blüten oder Früchte können den nachbarlichen Frieden ins Wanken bringen.

Wir sehen immer nur den oberirdischen Teil des Baums. Dieser hat aber auch noch einen erheblichen Teil unter der Erde, nämlich die Wurzeln, und auch da kann es zu Stress mit der Nachbarschaft kommen, wenn Wurzeln etwa Platten oder Pflastersteine anheben. Auch hier ist es wichtig, den Baum zu kennen und zu wissen, wie er sich verhält. Denn man kann nicht einfach die Wurzeln, die zum Nachbarn wachsen, kappen, ohne die ganze »Statik« des Baums zu beeinflussen. Das kann sogar dazu führen, dass ein Baum seine Standfestigkeit verliert und gestützt werden muss, bis sich neue Wurzeln gebildet haben.

» BEI MEINEN BÄUMEN UND STRÄUCHERN HABE ICH IMMER GESCHAUT, DASS DIE NACHBARN KEINEN STRESS DAMIT HABEN. DAS ERLEICHTERT DAS ZUSAMMENLEBEN UNGEMEIN! «

— EURE SONJA

Bäume an Gehwegen und Straßen sollten regelmäßig kontrolliert werden, damit keine morschen Äste über die Grenze fallen.

Haselnüsse erreichen durchaus eine Höhe von 5 bis 7 m und können als Ersatz für einen kleinen Baum herhalten.

TIPP: GROSSTRÄUCHER ALS BAUMERSATZ

Besonders geeignet sind Arten, die sich aufasten oder mehrstämmig erziehen lassen, etwa Felsenbirne, Großer Schneeball, Kupfer-Felsenbirne, Zier-Apfel, Magnolie, Eisenholzbaum, Kornelkirsche oder Großer Hartriegel. Sie wirken baumartig, bleiben aber flexibler in Höhe und Breite – ideal für kleinere Gärten oder als Alternative zum klassischen Hausbaum.

Muss es ein Baum sein oder reicht ein Strauch?

Wenn es um große Gehölze für den Garten geht, denkt man automatisch an Bäume. Dabei gibt es eine riesige Auswahl an Großsträuchern, die oft viel besser in die Ecken von kleinen Gärten passen. Mit der entsprechenden Schnittform, zum Beispiel durch Aufasten, lassen sich auch Sträucher in Form bringen und können wie mehrstämmige Bäume wirken: mit großer Krone, aber wenig Platzbedarf im unteren Bereich. Hier ist dann dafür viel Platz für schöne Unterpflanzungen. Daher sollte man vorher sehr genau abwägen, ob man wirklich einen klassischen Baum, zum Beispiel als Hochstamm oder in einer mehrstämmigen Variante, pflanzt oder lieber einen Strauch.

Rein praktisch betrachtet ist ein Strauch vor allem auch dann sinnvoll, wenn du ein Gehölz für die Nähe der Nachbarsgrenze suchst. Bei Sträucher sind die Abstände, die eingehalten werden müssen, nämlich ein ganzes Stück geringer als bei Bäumen. So kann man auch einen Gartenzaun mal ganz schnell hinter Grün verschwinden lassen, ohne dass man in Konflikt mit dem Nachbarschaftsgesetz gerät.

Daran solltest du auch denken!

Es gibt noch ein paar mehr Dinge, die du beim Pflanzen eines Baums beachten solltest. Nicht alles ist direkt ersichtlich wie die Größe der Krone und der Stamm. Definitiv solltest du wissen, wie sich die Wurzeln deines Wunschbaumes verhalten. Mit Kindern oder Haustieren im Garten ist es vielleicht auch wichtig zu wissen, ob ein Baum Dornen bildet oder ob das gesamte Gehölz vielleicht sogar giftig ist. Was fällt im Laufe des Jahres so alles vom Baum außer Laub? Und wann ist der Austrieb und der Baum endlich grün?

Wenn du größere Sträucher wie diese Braut-Spiere (*Spiraea arguta*) mit überhängenden Trieben auf die Mauerkronen von einem abgesenkten Sitzplatz setzt, wirken sie fast wie ein kleiner Baum.

MEIN #LIEBLINGSKLEINERBAUM: GESCHLITZTE KIRSCHE

Für mich ist die Geschlitzte Kirsche (*Prunus incisa* 'The Bride') der Frühlingsbote (März bis April) schlechthin. Mit dem weißen Blütenkleid sorgt dieser Großstrauch noch vor dem Blattaustrieb für große Freude im Garten. Als aufgeasteter Mehrstamm schaut er das ganze Jahr über gut aus und kommt besonders zur Geltung, wenn er beleuchtet wird.

— ***DAVIT ARICAN @DAVITARICAN***

Wurzeln

Du bist bestimmt schon mal über Wellen im Bürgersteig gestolpert. Oder über Platten, die auf einmal ein Stück aus dem Boden ragen. Kennt man. Doch warum passiert das? Oft sind es die Wurzeln von Bäumen oder Sträuchern, die sich ihren Weg suchen. Dabei gibt es einige Bäume, die teilweise sehr starke Wurzeln nahe der Oberfläche bilden und dafür bekannt sind, genau solche Probleme zu verursachen. Darüber hinaus kann es aber auch passieren, dass auch Bäume, die eigentlich tief wurzeln, auf einmal Wurzeln nahe der Erdoberfläche bilden. Das geschieht zum Beispiel, wenn sich im Untergrund Steine oder Felsen befinden, also Schichten, durch die die Wurzeln einfach nicht durchwachsen können. Sie suchen sich dann den Weg des geringsten Widerstands zum Weiterwachsen, und das kann leider manchmal auch die nahe Oberfläche sein. Daher solltest du genau überlegen, ob der Baum oder Strauch in direkter Nähe von Wegen oder Terrassen stehen sollte. Ideal ist es, wenn Du den Untergrund kennst und wenn nicht, zumindest weißt, was für ein Wurzelsystem der gewünschte Baum bildet, damit du die beste Wahl treffen kannst.

Selbst zwischen dicken Wurzeln siedeln sich kleine Zwiebelblumen und Stauden wie diese Blausternchen und Scharbockskräuter an.

Herzwurzler

Am weitesten verbreitet ist das Herzwurzelsystem. Dabei bilden die Bäume in der Jugend erst mal eine dicke, kräftige Pfahlwurzel, mit der sie sich im Boden verankern und für genügend Wasserzufuhr auch aus tieferen Erdschichten sorgen. Später bilden sie ein weitreichendes Geflecht mit waagerechten Wurzeln, die den Baum noch fester im Boden verankern. Bäume mit

Bei diesen Kiefern erkennt man gut, wie sich die Wurzeln seitlich ausbreiten und dann in der Tiefe verankern.

Herzwurzelsystem halten so ziemlich jedem Sturm stand. Leider können die waagerechten Wurzeln aber auch dafür sorgen, dass der ein oder andere Pflasterstein in der Nähe des Baums angehoben wird. Man mag es nicht für möglich halten, wie weit das Wurzelwerk sich ausbreitet und wie stark die Wurzeln sind.

Flachwurzler

Flachwurzler bilden ihr Wurzelsystem hauptsächlich in den oberen Bodenschichten, und dass ganz ohne Pfahlwurzel. Die Wurzeln breiten sich hauptsächlich seitlich aus, anstatt tief in den Boden zu wachsen. Wasser und Nährstoffe aus der obersten Erdschicht nehmen sie gut auf. Problematisch wird es allerdings bei länger anhaltender Trockenheit, da in tieferen Erdschichten gespeichertes Wasser nicht erreicht werden kann. Außerdem fehlt bei Sturm der Halt, denn es gibt keine tiefe Verankerung im Boden.

Gerade kleine Gehölze mit einem flachen Wurzelsystem haben jedoch einen entscheidenden Vorteil: Sie lassen sich wesentlich leichter umpflanzen, da sie viele Feinwurzeln in Oberflächennähe haben und man nicht tief graben muss.

Pfahlwurzler

Das Wurzelsystem von Pfahlwurzlern wird von einer zentralen, senkrecht in die Tiefe wachsenden, sehr kräftigen Hauptwurzel dominiert. Diese Wurzel nennt man Pfahlwurzel. Sie reicht tief – oft viele Meter – in den Boden hinein und kommt so auch an Wasser aus tieferen Bodenschichten heran. Ausbleibende Niederschläge machen Gehölzen mit Pfahlwurzeln daher meistens nichts aus. Die Pfahlwurzel garantiert eine gute Wasserversorgung, verankert die Gehölze tief im Boden und macht sie extrem standfest.

Die Stacheldraht-Rose (*Rosa omeiensis* var. *pteracantha*) trägt ihren Namen zurecht.

TIPP

Eine Wildrosenhecke ist eine natürliche und sichere Alternative zu Zaun oder Sichtschutz. Die dornigen Triebe bilden mit der Zeit eine dichte Barriere, die kaum zu überwinden ist. Gleichzeitig bietet sie Blüten für Insekten, Hagebutten für Vögel und ganzjährig Struktur. Arten wie Hunds-Rose (*Rosa canina*), die Dünen- oder Bibernell-Rose (*R. spinossima*) oder die Wein-Rose (*R. rubiginosa*) sind robust, schnittverträglich und.

Stacheln oder Dornen?

Vor allem mit Kindern oder Tieren im Garten überlegt man sich zweimal, ob man zu einem Gehölz mit Dornen greift. Es gibt viele Gehölze mit toller Blüte und schönem Laub, die sich auf den zweiten Blick leider als stachelige Exemplare entpuppen. Ein Klassiker und wirklich wunderschöner Baum oder auch Strauch ist der **Rotdorn** (*Crataegus laevigata*). Dieser bildet lange spitze Dornen an seinen Ästen, die vor allem bei Schnittmaßnahmen schnell ärgern können. Wird er als Strauch angeschafft, sollte er außerhalb des Spielbereichs von Kindern und Haustieren gepflanzt werden, da es sonst schnell zu Verletzungen kommen kann. Weitere dornige Kandidaten sind **Robinie, Weißdorn, Glanzdorn** (*Crataegus prunifolia*)und **Gleditschie** (Lederhülsenbaum). Aber auch die Stacheln von Rosen können sich in Haut oder Kleidung verhaken. Daher am besten einen Standort suchen, an dem sich niemand verletzen kann.

Als lebendiger Zaun sind dornige Sträucher ein sicherer Schutz vor Eindringlingen. **Feuerdorn** (*Pyracantha*) ist zwar in Bezug auf Schnittmaßnahmen eine echte Herausforderung, da er sich nur mit konsequent regelmäßigem Schnitt im Zaum halten lässt. Man hat dann aber einen immergrünen Schutz, der noch dazu toll blüht und im Spätsommer orangerote Früchte bildet, die Vögel lieben.

STRÄUCHER & BÄUME MIT DORNEN & STACHELN

WEISSDORN (CRATAEGUS MONOGYNA)

Ein klassisches Hecken- und Kleinbaumgehölz mit dichter Verzweigung und kräftigen Dornen. Der Weißdorn ist ökologisch sehr wertvoll, bietet Blüten für Insekten und Früchte für Vögel. Standort sonnig, normaler Gartenboden.

SCHLEHE (PRUNUS SPINOSA)

Ein heimischer, stark bewehrter Großstrauch, der sich ideal für dichte, naturnahe Hecken eignet. Die Schlehe blüht sehr früh im Jahr und ist eine wichtige Nahrungsquelle für Insekten. Robust, schnittverträglich und anspruchslos, bevorzugt sie sonnige Standorte und kommt mit mageren Böden gut zurecht.

LEDERHÜLSENBAUM (GLEDITSSIA TRIACANTHOS)

Ein markanter Baum mit auffälliger, stark bedornter Rinde. Sehr hitze- und trockenheitsverträglich und eignet sich für warme, sonnige Standorte. Durch seine lichte Krone wirkt er trotz Größe erstaunlich leicht, aufgrund der Dornen nur für größere Gärten geeignet.

ROBINIE (ROBINIA)

Ein schnellwachsendes, robustes Gehölz mit kräftigen Dornen und hoher Anpassungsfähigkeit. Verträgt Trockenheit und kommt auch mit nährstoffarmen Böden zurecht. Aufgrund ihres Ausbreitungsdrangs sollte sie nur mit Bedacht und ausreichend Platz eingesetzt werden.

Giftig oder nicht giftig?

Viele Pflanzen sind giftig, und gerade Eltern und Haustierbesitzer sorgen sich um ihre Lieben, daher ist eine oft gestellte Frage beim Kauf von Gehölzen: Ist das giftig? Das sollte auf jeden Fall vor dem Kauf geklärt werden. Bei Kindern im Garten ist darüber hinaus eine sehr frühe Aufklärung über die Gefahren durch Gifte in Pflanzen ratsam. Hier eine Auswahl an gängigen Bäumen und Sträuchern, die teilweise in allen Teilen hochgiftig sind.

1. **Blutroter Hartriegel** (*Cornus sanguinea*): Rinde, Wurzeln und Blätter sind schwach giftig. Die rohen Früchte sind ungenießbar, jedoch nicht giftig.
2. **Seidelbast** (*Daphne mezereum*): In allen Teilen stark giftig, vor allem Rinde (aber wer isst die schon?) und Früchte.
3. **Pfaffenhütchen** (*Euonymus europaeus*): Ist in allen Pflanzenteilen giftig.
4. **Stechpalme** (*Ilex aquifolium*): Alle Pflanzenteile sind gering giftig, insbesondere die roten Beeren.

Nadeln und Samen von Eiben enthalten das giftige Taxin – die roten Fruchtmäntel sind dagegen ungiftig.

Vor allem die Samen des Goldregens enthalten das Alkaloid Cytisin, das bereits in kleinen Mengen gefährlich sein kann.

Die auffälligen rosa-orangen Früchte des Pfaffenhütchens wirken verlockend, sind jedoch giftig.

Die schwarzen Beeren und Blätter des Liguster sind für Menschen giftig, für Vögel jedoch eine wichtige Nahrungsquelle.

5. **Goldregen** (*Laburnum anagyroides*): Alle Pflanzenteile, aber besonders die Samen enthalten das hochgiftige Cytisin, das tödlich wirken kann. Also mit den Früchten besser nicht »Bohnensuppen-Kochen« spielen.
6. **Liguster** (*Ligustrum vulgare*): Blätter und Früchte sind für Menschen giftig. Für Vögel sind die Beeren eine wichtige Nahrungsquelle im Winter.
7. **Chinesischer Blauglockenbaum** (*Paulownia tomentosa*): Früchte und Samen sind leicht giftig, aber wer kommt auf die Idee, die zu essen?
8. **Kirschlorbeer** (*Prunus laurocerasus*): Alle Pflanzenteile, aber besonders die Blätter und Samen enthalten cyanogene Glykoside, die beim Zerkauen Blausäure freisetzen. Sie schmecken aber auch extrem bitter.
9. **Robinie** (*Robinia pseudoacacia*, »Falsche Akazie«): Vor allem in der Rinde, weniger in Blättern und Samen, sind giftige Lectine enthalten.
10. **Schwarzer und Roter Holunder** (*Sambucus nigra* und *Sambucus racemosa*): Blätter, Rinde, unreife Beere und Samen enthalten giftige Glycoside.
11. **Europäische Eibe** (*Taxus baccata*): Nadeln, Holz und Samen sind stark giftig (Taxin). Daher gerade beim Heckenschnitt Handschuhe und Schutzbrille tragen.

»WIR HATTEN IM KINDERGARTEN EINEN KLEINEN GIFTPFLANZENGARTEN, MIT EIBEN, GOLDREGEN, PFAFFENHÜTCHEN, LIGUSTER UND SEIDELBAST. DA KONNTEN WIR SCHON ALS KLEINE KNIRPSE LERNEN, DASS MAN NICHT ALLES AUS DEM GARTEN IN DEN MUND NEHMEN DARF. GLEICHZEITIG HABEN WIR GELERNT, DASS GIFTIG NICHT GLEICH BÖSE IST. DENN MAL EHRLICH. WER ISST SCHON DIE BLÄTTER VOM KIRSCHLORBEER ODER VOM LIGUSTER ...«

— EUER FOLKO

Die meisten Laubbäume werfen ihr Laub im Herbst ab. Das kann besonders schön aussehen wie bei diesem Fächer-Ahorn.

Alles Gute kommt von oben?

Da denkt man natürlich direkt an Laub. Aber nicht nur die Blätter können vom Baum fallen. Vielmehr bilden zahlreiche Bäume Früchte oder Samen, die herunterfallen und sehr störend sein können. Denn **Blüten** in Massen sind eine Herausforderung und machen nicht weniger Arbeit als herabfallendes Laub, wenn das Gehölz zum Beispiel in der Nähe einer Terrasse oder eines Teichs steht. Das sollte einem bewusst sein und wenn das ein Problem darstellt, kann man auf Folgendes achten: Wie groß sind die Blütenblätter und wie viel wirft der Baum da ab? Kleine Blüten fallen zum Beispiel kaum auf und werden meist weggeweht. Bei einer Zier-Kirsche wie dem Klassiker 'Kazan' kann der Garten aber ruckzuck mit einem rosa Teppich aus Blütenblättern bedeckt sein. Manche Zier-Kirschen wie die Sorte 'Shirotae' werfen ihre Blüten hingegen in Büscheln ab. Diese lassen sich einfacher zusammenrechen oder -kehren.

Dunkle **Früchte** und helle Terrassenplatten sind keine gute Kombination, und auch bei einer Holzterrasse gibt es dann schnell unschöne Stellen auf dem Holz. Die Ausscheidungen von Vögeln, die die leckeren Früchte verputzt haben, nehmen gerne die Farbe der Früchte an und hinterlassen zum Beispiel auf hellen Sitzauflagen sehr hartnäckige Flecken. Das ist aber nicht das einzige Problem, denn heruntergefallenes Obst kann im Sommer Wespen anziehen. Gerade mit kleinen Kindern oder Tieren im Garten hört der Spaß dann ganz schnell auf. Aus diesem Grund lohnt es sich, bei der Auswahl genau zu schauen, denn von vielen Gehölzen, beispielsweise der Blut-Pflaume, gibt es mittlerweile Varianten, die keine Früchte bilden.

Ein weiterer Aufreger können **Samen** oder Samenkapseln sein, die zahlreiche Bäumen über einen längeren Zeitraum abwerfen. Beim Ahorn sind es die Samen mit den kleinen Flügelchen, die überall im Garten landen und dann an Ort und Stelle keimen. Der Trompetenbaum bildet lange Samenhülsen, die in Masse wirklich unschön aussehen können. Und auch ein Roseneibisch kann dafür sorgen, dass in kurzer Zeit unzählige Sämlinge in der näheren Umgebung sprießen. Sogar im dichtesten Rasen keinem die Samen. Hier kann man der Keimlingsflut ganz gut mit dem Rasenmäher beikommen, indem man sie einfach nach dem Aufkeimen runtermäht.

In Blumenbeeten sieht das anders aus. Da kann es passieren, dass man über Wochen damit beschäftigt ist, die einzelnen Sämlinge aus dem Boden zu ziehen. Mühsam, aber lohnenswert, denn solange sie klein sind, geht das noch relativ leicht.

Die Blütenblätter liegen wie rosa Schnee auf dem Rasen. Sie verrotten schnell und brauchen nicht entfernt werden.

Beeren wie diese einer Felsenbirne können auf Kissen oder Terrassenplatten dunkle Flecken hinterlassen.

Perfekte Kombi! Die Farben der Tulpen und Iris findet sich im zarten Austrieb des Fächer-Ahorns wieder.

Die feuerroten Neutriebe der Glanzmispel wirken von weitem fast wie Blüten.

Wann treibt mein Baum aus?

Gerade wenn du einen Baum als Sichtschutz pflanzen möchtest, ist der Zeitpunkt des Austriebs nicht unwichtig. Was bringt einem der schönste Baum, wenn er erst spät austreibt und am Ende auch noch früh sein Laub verliert? Den besten Sichtschutz bieten natürlich immergrüne Gewächse, aber es gibt eben auch eine ganze Reihe von Gehölzen, die sehr früh austreiben (**Ahorne** zum Beispiel) oder die sehr lange ihr Laub behalten. Die **Hainbuche** behält ihr Laub oft den kompletten Winter durch bis zum Neuaustrieb. Es hat dann zwar die grüne Farbe verloren, bietet dennoch einen gewissen Sichtschutz. Es lohnt sich also durchaus, auch mal bei den Nachbarn zu schauen, was da so wächst und wie sich die Gehölze verhalten.

Sonjas Erfahrung: Ich wollte damals unbedingt einen **Trompetenbaum** (*Catalpa bignonioides*) für unseren Garten haben. Ich mochte die

Der Austrieb des Fächer-Ahorns 'Orange Dream' ist fast so spektakulär wie seine Herbstfärbung! Viele japanische Ahorne haben mindestens genauso schönen Austrieb wie Herbstfärbung.

dicken, knorrigen Äste, die großen Blätter und die tolle Blüte. Über die herabfallenden Samenhülsen hätte ich sogar hinweggesehen. Warum ich mich dann doch dagegen entschieden habe? Ich war schlau genug, die Trompetenbäume in der Nachbarschaft über längere Zeit zu beobachten, wobei mir aufgefallen ist, dass sie erst sehr spät ihre Blätter entwickeln. Die Knospen treiben erst ab Mitte Mai aus, und es dauert sehr lange, bis sich eine dichte Laubkrone bildet. Leider ist der Trompetenbaum dann im Herbst von der schnellen Sorte und wirft schon sehr früh das gesamte Laub ab. Somit kam der schöne Baum für unseren Garten nicht mehr infrage.

Der Haken an sehr frühem Austrieb: Hier können Spätfröste gefährlich werden. Gerade bei **Japanischen Ahornen** kann es einem so den kompletten Austrieb zerstören. Keine Angst, die treiben im Juni noch einmal durch und bilden neues Laub, aber bis dahin bleibt der Baum erst mal kahl. Gerade in kälteren Regionen solltest du das nicht vergessen.

Und da Bäume nicht nur mit einer schönen Herbstfärbung glänzen können, sondern manchmal auch mit einem farbenfrohen Austrieb, kannst du diesen Aspekt durchaus auch mit auf die Wunschliste nehmen. Viele Bäume treiben nämlich nicht einfach grün aus. Hier gibt es Variationen von Gelb bis hin zu Knallrot, was auch im Frühjahr durchaus seinen Reiz hat.

#2 INFORMIEREN

WAS IST MIR BEI EINEM BAUM WICHTIG?

Jeder setzt andere Prioritäten in seinem Garten, daher solltest du dir überlegen, was dir wirklich wichtig ist, bevor du den Baum pflanzt, und dann schauen, welche Eigenschaften das ausgewählte Exemplar hat. Brauchst du einen guten Sichtschutz oder einfach nur einen Baum mit schönen Blüten oder einer beeindruckenden Herbstfärbung? Vielleicht soll er auch Früchte tragen, schnell wachsen oder gerade im Winter mit bunter Rinde auffallen. Hier findest du eine ganze Reihe an Eigenschaften, die ein Baum haben kann, an die du vielleicht noch gar nicht gedacht hast.

UNSER #LIEBLINGSKLEINERBAUM: KOLKWITZIE

Zwischen Mai und Juni zeigt sich unsere Kolkwitzie (*Kolkwitzia amabilis*) von ihrer allerschönsten Seite und ist das absolute Highlight unseres Gartens. Unterpflanzt ist der Strauch mit dem robusten Felsen-Storchschnabel (*Geranium macrorrhizum*), der zur selben Zeit blüht. Unzählige Bienen und Hummeln fliegen summend von Blüte zu Blüte, um Nektar und Pollen zu sammeln. Vor einigen Jahren hat Patrick direkt unter der Kolkwitzie eine Gartendusche gebaut, und es gibt nichts Schöneres, als unter dem blühenden, bezaubernden Märchenstrauch zu duschen. Die Kolkwitzie ist inzwischen über 5 m hoch, ebenso breit und mindestens 25 Jahre alt. Wir schneiden nur die stark überhängenden Äste und entfernen jährlich Totholz. Ein faszinierender Großstrauch: pflegeleicht, wüchsig und einfach schön.

— *CARMEN SIEGRIST & PATRICK DERRON @EINSCHWEIZERGARTEN*

Viele Blühsträucher und Bäume bieten im Frühjahr eine wichtige und reiche Nahrungsquelle für Insekten. Hier ein Admiral auf einem Winter- oder Bodnant-Schneeball (*Viburnum × bodnantense* 'Dawn').

Blüten – duftige Fülle nicht nur im Frühjahr

Einer der wohl am häufigsten genannten Wünsche bei Gehölzen sind Blüten. Die Auswahl an blühenden Bäumen und Sträuchern ist schier unendlich. Der absolute Klassiker bei den blühenden Gehölzen sind dabei **Zier-Kirschen** und **Blut-Pflaumen**, die man in vielen Gärten sieht. Die gibt es in zahlreichen unterschiedlichen Höhen und Wuchsformen, daher solltest du dir vor dem Kauf genau überlegen, was du möchtest.
Oft liegt der Fokus auf der Blüte im Frühjahr, denn da blühen nun mal die meisten Gehölze in unseren Breiten. Es gibt aber auch welche, die im Sommer schöne Blüten in den Garten bringen, beispielsweise einige spätblühende **Hartriegel** oder **Holunder**. Und was viele gar nicht wissen: Es gibt sogar Gehölze, die im Winter blühen! Die **Schnee-Kirsche** (*Prunus subhirtella*) zum Beispiel kann je nach Witterung

MEIN #LIEBLINGSKLEINERBAUM: MINI-APFELBAUM

Für kleine Gärten ist dieser Mini-Apfelbaum (Sorte Redlove® 'Lollipop'® von Lubera) die perfekte Wahl. Bei uns wächst er als Spalierbäumchen mit zwei Leitästen. Die süßen dunkelroten Äpfel haben einen ganz besonderen Clou: Das Fruchtfleisch ist rosarot marmoriert. Der perfekte Naschapfel für unseren Garten.

— *SANDRA JÄGERS @GRUENELIEBE_MISS_GREENBALL*

schon im November mit ihrer Blüte beginnen. Das gilt auch für den **Bodnant-Schneeball** (*Viburnum × bodnantense*), während die verschiedenen **Zaubernüsse** (*Hamamelis*) gerne ab Januar ihre Blüten öffnen. Daher solltest du dir im Klaren darüber sein, wann du den Blütenrausch im Garten genießen will. Eventuell kannst du mit mehreren Gehölzen ja auch einen größeren Zeitraum abdecken.

Was du dabei nicht vergessen solltest: Viele blühende Gehölze bilden Früchte, was nicht jeder mag. Früchte sind etwas Schönes, vor allem auch für die Tierwelt im Garten. So kann zum Beispiel ein Zier-Apfel im Herbst mit seinen kleinen gelben oder roten Äpfelchen im Garten zum absoluten Highlight werden. Steht aber beispielsweise eine Felsenbirne mit ihren kleinen, dunklen, an Heidelbeeren erinnernden Früchten an einer Terrasse, kann das unschöne Flecken auf dem Belag geben. Daher solltest du bei blühenden Gehölzen abwägen, ob du welche mit oder ohne Früchte vorziehst.

Auch die Blühdauer solltest du in Betracht ziehen. Während eine Felsenbirne eine sehr kurze Blütezeit im April hat, blühen Zier-Kirschen über mehrere Wochen, die Schnee-Kirsche sogar über mehrere Monate. Eine lange Zier bieten auch Blumen-Hartriegel, da die Hochblätter, die die Blüten umgeben, nicht abfallen, sondern mit der Zeit einfach grün werden.

Neben den klassischen blühenden Bäumen gibt es auch ausgefallener Arten mit außergewöhnlichen Blüten. Der **Judasbaum** (*Cercis siliquastrum*) bildet seine Blüten zum Beispiel direkt am Stamm,

Blumen-Hartriegel (*Cornus kousa* 'Rosabella') und Japanische Azaleen blühen im Frühjahr um die Wette.

Die Seidenakazie hat ebenso zarte Fiederblätter wie rosa Blüten. Es gibt auch eine Sorte 'Summer Chocolate' mit purpurfarbenem Laub.

Die weißen »Blüten« des Taschentuchbaums sind eigentlich Hochblätter.

»ICH MUSSTE BEI UNS MAL EINE LIGUSTERHECKE IM GARTEN ENTFERNEN, WEIL ICH VOM INTENSIVEN DUFT JEDES JAHR WÄHREND DER BLÜTE KOPFSCHMERZEN BEKOMMEN HABE. ALSO BESSER ERST SCHNUPPERN, BEVOR MAN PFLANZT!«

— EURE SONJA

während der **Taschentuchbaum** (*Davidia involucrata*) seine Blüten mit den weißen Hochblättern wie Taschentücher von den Ästen hängen lässt. Eine exotische Erscheinung ist auch die **Seidenakazie** (*Albizia julibrissin*) mit ihren gefiederten Blättern und pinselartigen rosaroten Blüten sowie der **Perückenstrauch** (*Cotinus coggygria*), der lockere Blütenwolken bildet.

Gehölze mit Duft

Bei duftenden Gartenpflanzen gehen die Meinungen teilweise weit auseinander. Viele mögen es sehr, wenn sie durch den Garten schlendern und von einem zarten Duft betört werden. Andere reagieren empfindlicher auf Gerüche und empfinden einen zu starken Duft als unangenehm. Flieder beispielsweise ist vor allem wegen seines Duftes beliebt, und viele bleiben gerne unter einem großen blühenden Fliederbusch zum Schnuppern stehen. Anderen ist das aber schon zu intensiv. Es gibt natürlich Bäume und Sträucher, die weniger stark duften und den Garten während der Blüte in einen Hauch von Honig, Vanille oder Zitrus hüllen. Besonders in der Nähe von einem Sitzplatz, an der Terrasse oder unter dem Schlafzimmerfenster macht sich ein duftender Baum gut.

DUFTENDE GEHÖLZE

Name	**Höhe (m)**	**Breite (m)**	**Blütezeit**	**Duft**
Mexikanische Orangenblume (*Choisya ternata*)	1–2	1–2	Mai–Juni	süß, orangenartig, blumig
Blumen-Hartriegel (*Cornus kousa*)	3–6	3–4	Mai–Juni	zart, blumig, leicht fruchtig
Stern-Magnolie (*Magnolia stellata*)	2,5–3,5	2–3,5	März–April	zart, frisch, leicht zitronig
Falscher Jasmin, Pfeifenstrauch (*Philadelphus coronarius*)	2–4	2–3	Mai–Juni	süß, jasminartig, schwer
Gold-Robinie (*Robinia pseudoacacia* 'Frisia')	6–10	4–6	Mai–Juni	süß, blumig, akazienartig
Garten-Flieder (*Syringa vulgaris*)	4–6	2,5–3,5	Mai–Juni	süß, blumig, intensiv
Koreanischer Schneeball (*Viburnum carlesii*)	1–2	1–2	April–Mai	süß, würzig, nelkenartig
Duftender Schneeball (*Viburnum farreri*)	2–2,5	1–2	November–März	zart, süßlich, vanilleartig

Orangenblume

Flieder

Stern-Magnolie

Der immergrüne Mittelmeer-Schneeball (*Viburnum tinus*) blüht oft schon im Winter ab November bis April/Mai.

Immergrüne – Struktur und Farbe rund ums Jahr

Immergrüne Gehölze haben mittlerweile dank Thuja und Kirschlorbeer einen schlechten Ruf, dabei sind sie ein wichtiges und nützliches Gestaltungselement im Garten. Sie sind meistens die erste Wahl, wenn es um eine Sichtschutzbepflanzung geht und oft eine Alternative zum Zaun. Immergrüne Gehölze verlieren ihr Laub im Winter nicht und bieten daher durchgängigen Sichtschutz. Gerade in den dunklen Monaten bringen sie Struktur in den Garten und verhindern, dass dieser kahl und trostlos wirkt. Auch für Vögel sind sie wertvoll: Sie bieten Schutz vor Kälte und Wind sowie sichere Nistplätze, die laubabwerfende Gehölze im Winter nicht bieten können.

Muss nicht sein: Kirschlorbeer

Der sehr beliebte Klassiker **Kirschlorbeer**, botanisch korrekt **Lorbeer-Kirsche** oder *Prunus laurocerasus*, darf allerdings in einigen Regionen gar nicht mehr gepflanzt werden. Er ist ein Klimawandelgewinner und gilt als potenziell invasiv, das heißt, er verbreitet sich unkontrolliert durch Samen und Ausläufer und vertreibt so heimische Arten. Er bietet alles in allem außer Sichtschutz keinen wirklichen Nutzen im Garten. Außerdem ist Kirschlorbeer in allen Teilen giftig. Viele wissen auch nicht, dass der Kirschlorbeer eine enorme Wuchskraft hat und zweimal im Jahr stark geschnitten werden muss, damit er einem nicht über den Kopf wächst. In Deutschland ist er immer noch sehr beliebt, da viele die Nachteile einfach nicht kennen.

Dabei durchwurzelt er auch noch den Boden sehr stark und ist damit nur sehr schwer zu unterpflanzen. Hinzu kommt, dass seine Blätter sehr langsam verrotten und sich kaum kompostieren lassen – sie müssen meist über den Hausmüll entsorgt werden, was schnell lästig wird.

Alleskönner Eibe

Die **Eibe** (*Taxus baccata*) ist ein sehr wertvolles, immergrünes Nadelgehölz. Ihre Nadeln stechen nicht, sondern sind ganz weich und biegsam. Die Eibe eignet sich hervorragend für Formschnitte und bietet einen grünen Sichtschutz. Als eines

GUTE ALTERNATIVE ZUM KIRSCHLORBEER

Liguster wird zwar überall als laubabwerfende Pflanze geführt, in Wirklichkeit ist Liguster aber wintergrün. Das heißt, er wirft zwar einen Teil seines Laubs ab, bildet aber immer wieder neues, sodass man einen permanenten Sichtschutz hat. Liguster wird je nach Sorte bis zu 5 m hoch, bietet durch die meist üppige Blüte Nahrung für Insekten sowie Nistplätze für Vögel. Und für alle Fans von Formschnitt – auch das klappt mit Liguster sehr gut.

Vögel brauchen im Winter immergrüne Gehölze wie Eiben, da sie Schutz vor Wind und Wetter bieten.

Stechpalmen haben leuchtend rote Früchte, die nicht nur als Adventsdeko, sondern auch bei Vögeln beliebt sind.

Die Portugiesische Lorbeer-Kirsche ist eine gute Alternative zum Kirschlorbeer, da sie sich nicht invasiv ausbreitet.

TIPP

Bei allen Heckenpflanzungen gilt: Die Abwechslung macht's! Meterlange Pflanzungen mit nur einer der genannten Arten wirken nicht nur langweilig, sie bieten auch nur wenig Abwechslung für Insekten und andere Tiere im Garten! Platziere immergrüne Gehölze da, wo du einen dichten Sichtschutz rund ums Jahr brauchst und pflanze an Stellen, die im Winter nicht ganz so geschützt sein müssen, Blühsträucher.

der wenigen Nadelgehölze verträgt sie einen radikalen Rückschnitt und treibt aus dem alten Holz gut neu aus. Es gibt auch Sorten, die säulenförmig wachsen wie 'Fastigiata' und solche, die breit ausladende Äste haben wie 'Dovastoniana'. Alle Eiben sind völlig anspruchslos, was Boden und Standort angeht. Sie vertragen sogar tiefen Schatten und kommen mit Trockenheit gut zurecht – Eigenschaften, die nur wenige immergrüne Gehölze bieten. Alle Teile der Eibe mit Ausnahme des Fruchtfleisches sind für Menschen giftig.

Stechpalme

Auch **Stechpalmen** (*Ilex*) sind eine Idee, wenn man sich einen immergrünen Sichtschutz pflanzen möchte – allerdings ist er in allen Teilen leicht giftig und weist kleine Dornen an den Blättern auf. Nach der Blüte, die Nahrung für Insekten bietet, bilden sich an weiblichen Pflanzen sehr dekorative rote Beeren. Ilex eignet sich gut für Formschnitt, den Rückschnitt kann man toll für Dekozwecke verwenden. Es gibt auch Sorten mit weißgrün panaschierten Blättern.

Portugiesische Lorbeer-Kirsche

Die **Portugiesische Lorbeer-Kirsche** (*Prunus lusitanicus*) ist eine gute Alternative zum Kirschlorbeer, da sie im Gegensatz zu diesem nicht invasiv ist. Sie ist trotz ihrer mediterranen Herkunft gut winterhart und bietet durch ihren dichten kompakten Wuchs einen sehr guten Sichtschutz. Sie wächst etwas langsamer als der klassische Kirschlorbeer, deshalb ist auch der Pflegeaufwand, der durch regelmäßigen Schnitt einhergeht, geringer. Auch bei dieser Art sind alle Pflanzenteile giftig und dürfen nicht verzehrt werden.

Halbimmergrüne

Die **Hainbuche** (*Carpinus betulus*) ist eine heimische Alternative der etwas anderen Art, da sie definitiv nicht immergrün ist und trotzdem Sichtschutz bietet. Wie das kommt? Sie verliert ihr Laub erst im Frühjahr mit dem neuen Austrieb. Die alten Blätter werden im Herbst braun, bleiben aber an den Ästen. Auch die Hainbuche eignet sich sehr gut für Formschnitt und Hecken und bildet ein so dichtes Blattwerk, dass garantiert jedes Grundstück dahinter geschützt bleibt. Man kann mit Hainbuchen sehr schön schmale Hecken gestalten. Auch Bögen lassen sich damit ziehen. Wichtig ist ein regelmäßiger Schnitt im Frühsommer und Frühherbst.

Auch die **Rot-Buche** (*Fagus sylvatica*) behält als Hecke oder Formschnittgehölz (und nur dann) oft das Laub über den Winter und kann als Alternative zu Immergrünen gepflanzt werden.

Eine Hainbuchenhecke bietet auch im Winter Sicht- und Windschutz, da sie die trockenen Blätter erst Frühjahr vor dem Neuaustrieb abwirft.

TIPP

Nicht alle Exemplare von Hainbuchen behalten das Laub zuverlässig im Winter. Wenn du sicher gehen willst, dann suche dir in der Baumschule im Herbst die Exemplare aus, die noch die braunen Blätter an den Trieben haben. Oder frage explizit nach Pflanzen, die auch im Winter noch dicht sind.

NOCH MEHR IMMERGRÜNE

GLANZMISPEL
(PHOTINIA FRASERI)

Ein immergrünes Gehölz, das sich sehr gut zum Gestalten von blickdichten Hecken eignet, ist die Glanzmispel. Sorten wie 'Red Robin' bringen durch einen knallroten Austrieb Farbe in den Garten. Die Glanzmispel bildet außerdem eine Vielzahl an Blüten, die vielen Insekten Nahrung bieten. Sie ist nicht invasiv und bietet bei regelmäßigem Schnitt dichten Sichtschutz.

ERDBEERBAUM
(ARBUTUS UNEDO)

Ein immergrünes Gehölz mit mediterranem Charakter. Der Erdbeerbaum überzeugt durch glänzendes Laub, weiße Blüten und dekorative, erdbeerähnliche Früchte, die oft gleichzeitig am Gehölz erscheinen. Er wächst langsam, ist schnittverträglich und eignet sich gut für geschützte Standorte im Garten oder große Kübel (wenn du in einer eher kalten Region wohnst). In milden Lagen zuverlässig winterhart (bis –10° C sind kein Problem). Die roten Früchte sind essbar, haben aber fast kein Aroma.

BAMBUS

Immergrün, schnell wachsend und ideal für dichten Sichtschutz. Er sorgt ganzjährig für Struktur und Bewegung im Garten und wirkt besonders attraktiv in modernen oder asiatisch inspirierten Gestaltungen. Regelmäßig gießen ist wichtig.

MITTELMEER-SCHNEEBALL (VIBURNUM TINUS)

Ein immergrüner Strauch mit langer Blütezeit vom Winter bis ins Frühjahr. Die rosa-weißen Blüten erscheinen in dichten Dolden und werden von dunklen Beeren gefolgt. *Viburnum tinus* ist gut schnittverträglich, eignet sich für Hecken und Gruppenpflanzungen und bevorzugt geschützte, nicht zu kalte Standorte.

STEIN-EICHE (QUERCUS ILEX)

Ein robuster, immergrüner Baum mit ledrigem, dunkelgrünem Laub. Die Stein-Eiche ist sehr hitze- und trockenheitsverträglich. Sie lässt sich gut schneiden und auch als immergrüne Hecke oder Schirmform erziehen. In geschützten Lagen ausreichend winterhart.

Ein Herbstfeuerwerk an Farben sorgt in der zweiten Jahreshälfte noch einmal für ein Highlight im Garten.

Herbstfärbung – Farbfeuerwerk spät im Jahr

Wer hat gesagt, dass die Gartensaison nach dem Sommer zu Ende ist? Nein, im Herbst geht es erst so richtig los, denn dann strahlt das bunte Herbstlaub. Wer darauf setzt, hat eine schier unendliche Auswahl an Gehölzen mit den unterschiedlichsten Herbstfarben. Bekannt für eine spektakuläre Herbstfärbung sind vor allem **Japanische Ahorne.** Aber auch **Zier-Kirschen, Hartriegel, Zaubernuss, Judasbaum** und **Eisenholzbaum** zeigen sich im Herbst von ihrer bunten Seite.

Wenn du im Herbst ein richtiges Farbspektakel im Garten haben willst, solltest du dich vorher informieren, welche Farbe das Laub deiner Gehölze im Herbst annimmt. Da gibt es viele unterschiedliche Varianten in Gelb über Orange bis hin zu Rot, Pink oder Violett! Die Abwechslung macht's, und verschiedene Laubfarben im Herbst lassen den Garten noch mal richtig bunt aufleben. Schau, dass Du verschiedene Variationen pflanzt.

Und nicht nur einzelne Bäume sorgen für Abwechslung im Garten, auch Hecken können mit Farbe aufwarten, wobei die **Hainbuche 'Rockhampton Red'** da besonders heraussticht. Sie eignet sich wie die gängige Hainbuche sehr gut, um blickdichte Hecken anzulegen, hat aber einen ganz besonderen Vorteil: Ihr Laub färbt sich im Herbst orange bis rot und lässt so den »gepflanzten Gartenzaun« noch mal richtig aufleben.

Das braucht es, damit dein Baum im Herbst bunt wird:

- **Temperatur:** Kühle, aber nicht frostige Nächte fördern die Produktion von Anthocyanen – Pflanzenstoffe, die für die rote und violette Färbung des Laubs sorgen.
- **Sonne:** Die Sonneneinstrahlung fördert die Bildung von Anthocyanen - daher ist ein sonniger Standort wichtig! Bewölktes Wetter lässt die Farben matter erscheinen.
- **Niederschlag:** War es im Sommer zu trocken, verlieren Bäume gerne vorzeitig ihr Laub. Ein feuchter Spätsommer ist daher ideal für eine tolle Herbstfärbung.
- **Kürzere Tage:** Die Bäume stellen die Chlorophyll-Produktion ein. Dadurch werden andere Pigmente wie Carotinoide (gelb/orange) und Anthocyane (rot) sichtbar.

GEHÖLZE MIT AUFFÄLLIGEM HERBSTLAUB

Botanischer Name	Höhe (m)	Breite (m)	Herbstfärbung
Fächer-Ahorn 'Osakazuki' (*Acer palmatum* 'Osakazuki')	2–3	1,5–2,5	dunkelorange bis karminrot
Feuer-Ahorn (*Acer tataricum* ssp. *ginnala*)	5–6	3–7	rot bis scharlachrot
Hainbuche 'Rockhampton Red' (*Carpinus betulus* 'Rockhampton Red')	10–15	6–10	rot, orange
Europäischer Perückenstrauch (*Cotinus coggygria*)	2–4	2–4	rot, orange, purpurn
Flügel-Spindelstrauch 'Chicago Fire' (*Euonymus alatus* 'Chicago Fire')	2–3	1–2	leuchtend rot bis purpurn
Eisenholzbaum (*Parrotia persica*)	4,5–9	4,5–7	gelb, orange, rot bis violett

Feuer-Ahorn

Hainbuche 'Rockhampton Red'

Eisenholzbaum

Fächer-Ahorn 'Osakazuki'

Die besten Herbstfärber für den Garten

Japanische Ahorne gehören zu den spektakulärsten Herbstfärbern. Sorten wie 'Osakazuki' leuchten Ende Oktober in intensivem Karminrot, während 'Sango-kaku' sich buttergelb färbt. Ein Pluspunkt bei vielen Sorten: Auch nach dem Laubfall bleiben sie attraktiv durch farbige Rinde. Der ‚Sango-kaku' zeigt zum Beispiel korallenrote Zweige, die im Winter zur Geltung kommen.

Wer braucht angesichts solcher Farben noch Frühling? Japanische Ahorne haben spektakuläre Herbstfarben.

UNSER #LIEBLINGSKLEINERBAUM: FELSENBIRNE

Wir haben uns für eine Felsenbirne entschieden, weil sie für uns all das vereint, was einen Garten lebendig und besonders macht – in jeder Jahreszeit. Schon ihre natürliche, leicht überhängende Wuchsform macht sie zu einem besonderen Blickfang. In der Strauchform zeigt sie sich mehrstämmig, locker aufrecht und trichterförmig – elegant und zugleich ganz unaufgeregt. Im Frühling begeistert sie mit einer zarten weißen Blütenpracht, die Leichtigkeit und Freude in den Garten bringt. Im Sommer trägt sie nicht nur ein feines, filigranes Laub in frischem Grün, sondern schenkt uns auch kleine, aromatische Früchte, die sich wunderbar zu Marmelade oder anderen Leckereien verarbeiten lassen. Der Herbst taucht die Felsenbirne in leuchtende Rot- und Orangetöne – ein echtes Farbenspiel. Und auch im Winter hat sie ihren ganz eigenen Reiz: Wenn Tau oder Schnee sich auf ihre schön verzweigte Aststruktur legen, wirkt sie fast wie gezeichnet – still und ausdrucksstark zugleich. Die Felsenbirne ist für uns nicht nur ein Strauch, sondern ein ständiger Begleiter im Garten – vielseitig, harmonisch und voller natürlicher Schönheit.

— ***SEBASTIAN STREICH & ANDREA SCHLIEP***
@MY.GARDEN.LIFE.AND.HOME

Unterschätzte Gehölze mit toller Herbstfärbung

Neben Klassikern wie **Ahorn** und **Zier-Kirsche** gibt es weitere empfehlenswerte Gehölze. Die **Felsenbirne** (*Amelanchier lamarckii*) blüht im Frühjahr weiß, trägt im Sommer essbare Beeren und färbt sich im Herbst von Gelb über Orange bis Rot – oft gleichzeitig.

Der **Eisenholzbaum** (*Parrotia persica*) zeigt ein Farbspektrum von Gelb über Orange und Rot bis Violett. Er ist klimafest und wächst langsam, sodass kein Schnitt nötig ist. Auch der **Blumen-Hartriegel** (*Cornus kousa*) überrascht im Herbst mit je nach Typ gelber, orangefarbender, roter, dunkelroter bis purpurner oder fast schwarzer Herbtstfärbung.

Erwähnenswert ist auch der **Amberbaum** (*Liquidambar styraciflua*), der zwar langsam wächst, dafür aber im Herbst mit leuchtendem Orange, Karminrot und Purpur beeindruckt. Besonders schön ist seine klare, fast grafische Kronenstruktur und die schöne, runzelige Rinde.

Der **Perückenstrauch** (*Cotinus coggygria*) zeigt je nach Sorte eine intensive Herbstfärbung in Gelb, Orange und tiefem Rot und setzt zugleich markante Akzente durch seine samtigen Blätter. Er braucht einen gut drainierten Standort.

Schließlich überzeugt auch der **Japan-Schneeball** (*Viburnum plicatum*) mit einer klaren, etagen-artigen Silhouette und einer leuchtend roten bis weinfarbenen Herbstfärbung, die seine elegante Erscheinung unterstreicht. Besonders schön: die Sorte 'Mariesii'.

Der Kugel-Ahorn (*Acer platanoides* 'Globosum') hat wie alle Spitz-Ahorne eine fantastische gelbe Herbstfärbung.

Fast unwirklich kommt der Kork-Spindelstrauch (*Euonymus alatus*) mit seiner pink-roten Herbstfärbung daher.

DIE SCHÖNSTEN ALLESKÖNNER FÜR BLÜTEN, LAUB UND HERBSTFARBEN

BLUMEN-HARTRIEGEL
(CORNUS KOUSA)

Wächst als mehrstämmiger Strauch oder kleiner Baum und wird 3 bis 6 m hoch. Von Mai bis Juni erscheinen die grünlich gelben Blüten, umgeben von auffälligen weißen Hochblättern. Im Herbst färbt sich das Laub rot bis purpurn. Bevorzugt halbschattige Standorte und durchlässigen, leicht sauren Boden.

EUROPÄISCHER PERÜCKENSTRAUCH
(COTINUS COGGYGRIA)

Ein ausladender Strauch, der 2 bis 4 m hoch und breit wird. Die gelbgrünen Blüten erscheinen von Juni bis Juli in lockeren, wolkigen Blütenständen. Das Laub färbt sich im Herbst spektakulär in Rot, Orange und Purpur. Anspruchslos und trockenheitsverträglich, ideal für sonnige Standorte und durchlässige Böden.

HYBRID-ZAUBERNUSS

(HAMAMELIS × INTERMEDIA)

Wird 2 bis 4 m hoch und breit. Die außergewöhnlichen Blüten erscheinen mitten im Winter von Januar bis März in Hellgelb, Goldgelb, Orange, Kupferfarben oder Karminrot – je nach Sorte. Im Herbst leuchtet das Laub in Gelb bis Rotorange. Bevorzugt geschützte, halbschattige Standorte.

SIEBEN-SÖHNE-DES-HIMMELS-STRAUCH

(HEPTACODIUM MICONIOIDES)

Wird 3 bis 4 m hoch und 2 bis 3 m breit. Die weißen, duftenden Blüten erscheinen spät im Jahr von August bis September und sind ein absoluter Magnet für Insekten, besonders für Schmetterlinge. Das Laub färbt sich im Herbst gelb bis rot. Der Siebeb-Söhne-des-Himmels-Strauch ist anspruchslos und robust, für sonnige bis halbschattige Standorte geeignet.

DIE SCHÖNSTEN ALLESKÖNNER FÜR BLÜTEN, LAUB UND HERBSTFARBEN

KRÄUSELMYRTHE (LAGERSTROEMIA)

Ein kleiner Strauch oder Baum, der 1,50 bis 3 m hoch und 1 bis 3 m breit wird. Von Juli bis Oktober erscheinen die gekräuselten Blüten in Rot, Rosa, Violett oder Weiß. Das Laub färbt sich im Herbst gelb bis rot. Benötigt einen warmen, geschützten Standort in voller Sonne und durchlässigen Boden.

FELD-AHORN (ACER CAMPESTRE)

Wird 6 bis 10 m hoch und 4 bis 8 m breit. Die rundlich gelappten Blätter treiben im Frühjahr frischgrün aus, im Sommer dunkelgrün und sich im Herbst gelb bis goldgelb. Sehr robust und anpassungsfähig, hitze- und trockenheitsverträglich. Gedeiht auf allen Gartenböden, bevorzugt sonnige bis halbschattige Standorte.

JAPANISCHE BLÜTEN-KIRSCHE
PRUNUS SERRULATA

Ein mittelgroßer Baum, der 6 bis 10 m hoch und 4 bis 6 m breit wird. Von April bis Mai erscheinen die rosa Blüten in überwältigender Fülle. Im Herbst färbt sich das Laub gelb bis orange. Bevorzugt sonnige Standorte und durchlässige, nährstoffreiche Böden. Eine der klassischen Zier-Kirschen.

GEWÖHNLICHER SCHNEEBALL
VIBURNUM OPULUS

Wird 2 bis 4 m hoch und breit. Die weißen, tellerförmigen Blüten erscheinen von Mai bis Juni. Im Herbst färbt sich das Laub rot bis purpurn, und es bilden sich leuchtend rote Beeren, die bei vielen Vögeln sehr beliebt sind. Die Bestäubung erfolgt überwiegend durch Fliegen, da der Nektar in den inneren, fertilen Blüten frei zugänglich ist und keinen langen Rüssel erfordert. Auch andere Insekten werden von den auffälligen Schaublüten und dem intensiven Blütenduft angezogen. Für Schmetterlinge dient unter anderem als Nektarpflanze und Raupenfutter für den Eschen-Scheckenfalter sowie als Nektarquelle für die Zackeneule. Darüber hinaus nutzen die Raupen der Purpurglanzeule und der Bogenlinien-Spannereule den Schneeball als Futterpflanze. Sehr robust und anspruchslos, verträgt auch schattige Standorte und feuchte Böden.

Ökologisch genauso wertvoll wie der normale Holunder: Die dunkellaubige, schlitzblättrige Sorte 'Black Lace' von *Sambucus nigra*.

Schneller Sichtschutz – damit keiner reingucken kann

Sichtschutz ist einer der wichtigsten Faktoren bei der Bepflanzung von Grundstücken rund um Häuser. Den meisten Menschen ist die Privatsphäre heilig - wer möchte schon unter ständiger Beobachtung vorbeigehender Passanten sein? Sichtschutz schützt nicht nur Aufenthaltsorte im Garten selbst, auch Wohnzimmer mit großer Glasfront oder andere Räume ziehen gerade abends, wenn sie hell beleuchtet sind, fremde Blicke auf sich. Bei eingewachsenen Grundstücken hat man es leicht, in Neubaugebieten mit leeren Grundstücken kann so was zu einer Herausforderung werden. Sichtschutzpflanzungen dienen aber nicht nur dem Schutz der Privatsphäre. Was viele gar nicht wissen: Bäume und Sträucher schlucken auch Lärm, und der Garten wird um einiges ruhiger. Eine dichtere, hohe Bepflanzung in Richtung einer stark befahrenen Straße kann Wunder wirken.

Was kann ich tun, wenn es schnell gehen soll? Die einfachste, aber nicht die günstigste Lösung ist der Kauf von bereits großen Pflanzen. Bei großen Grundstücken und langen zu bepflanzenden Strecken wird das teuer. Wer nicht so viel investieren will, setzt auf schnell wachsende Gehölze. Durch geschickte Pflanzungen von Sträuchern kann man so relativ schnell eine schützende Wand pflanzen. Bei immergrünen Gehölzen sind Liguster und Glanzmispel als Kirschlorbeer-Alternativen hervorzuheben. Beide wachsen schnell und dicht. **Falscher Jasmin, Heckenkirsche, Schwarzer Holunder** (sehr schön die Sorte 'Black Lace') und **Deutzie** sorgen für Blütenfülle und Farbe.

Bambus mal ganz anders: *Phyllostachys* (mit Rhizomsperre!) lässt sich auch ganz hervorragend in Heckenform schneiden.

Die Vielfalt macht's: Blütenhecke mit Schneeball, Ranunkelstrauch (*Kerria*) und Flieder.

MEIN #LIEBLINGSKLEINERBAUM: BAMBUS

Bambus wie dieser *Phyllostachys aureosulcata* 'Spectabilis' begeistert mich, weil er tropisches Flair in den Garten bringt und sich wunderbar mit Stauden kombinieren lässt. Er wächst unglaublich schnell – viel schneller als Bäume – und trägt so aktiv zum Klima bei. Auch wenn er botanisch ein Gras ist, wirkt er für mich wie ein Verwandter der Bäume, weil er so hoch und eindrucksvoll wächst. Ich nutze ihn vielseitig: als Stütze im Beet, für Insektennisthilfen oder kleine DIY-Projekte.

— *CHIEL SOETER @WESTWOODGARDEN*

Folkos Erfahrung: Bei der Anlage einer Sichtschutzpflanzung sollte man von Anfang an strategisch vorgehen. Schnellwachsende Gehölze sind verlockend, bringen aber oft auch Pflegeaufwand mit sich – wer schnell wächst, muss auch regelmäßig geschnitten werden.

Ein häufiger Fehler: Man pflanzt zu dicht, weil man sofort Ergebnis sehen will. Die Folge: Nach wenigen Jahren steht alles zu eng, die Gehölze konkurrieren um Licht und Nährstoffe, die unteren Bereiche verkahlen. Besser ist es, mit etwas Geduld zu planen und den Pflanzen Raum zu geben – auch wenn das manchmal schwerfällt. Aber wenn einen Gärtner ja etwas lehrt, dann ist es Geduld ...

Mischpflanzung und Schnitt

Eine durchgehende Hecke aus nur einer Art wirkt nicht nur monoton, sie ist auch anfälliger für Krankheiten. Sinnvoller ist eine gestaffelte Pflanzung: Immergrüne Arten dort, wo ganzjähriger Sichtschutz nötig ist, ergänzt durch blühende Sträucher an weniger kritischen Stellen. Das schafft Struktur, bietet Insekten Nahrung und macht den Garten abwechslungsreicher.

Schnellwachsende Gehölze brauchen Erziehung. **Liguster** und **Glanzmispel** sollten im ersten Jahr nach der Pflanzung einmal kräftig zurückgeschnitten werden – das fördert die Verzweigung an der Basis und sorgt für dichten Wuchs von unten. Danach reicht ein jährlicher Formschnitt im Juni nach dem ersten Austrieb.

Schwebende Hecken – Sichtschutz auf Stamm

Eine elegante Alternative zur klassischen Hecke ist die schwebende Hecke – Gehölze auf Stamm, deren Krone erst in etwa 1,80 m Höhe beginnt. Darunter bleibt Raum frei, was gerade bei schmalen Grundstücken enormen Vorteil bringt.

Die Gehölze werden entweder auf einen Stamm veredelt oder über Jahre so erzogen, dass sich eine geschlossene Krone in gewünschter Höhe bildet. In Baumschulen werden sie als Hochstamm-Spalier oder Dachspalier angeboten. Die Kronen lassen sich durch regelmäßigen Schnitt in Form halten – ähnlich wie bei klassischen Hecken, nur eben etwas höher als gewohnt.

Bewährt haben sich **Hain-** und **Rot-Buche, Feld-Ahorn,**

MEIN #LIEBLINGSKLEINERBAUM: PURPUR-HASEL

Für mehr Transparenz, Licht und Leichtigkeit – ich liebe es, mehrstämmige Gehölze aufzuasten und damit schöne Effekte im Garten zu erzielen! Es eröffnen sich plötzlich spannende Durchblicke, die tief stehende Nachmittagssonne wirft warmes Streiflicht in die Staudenbeete und wo vorher bis zum Boden dichtes Blattwerk ziemlich massiv wirkte, schwebt so ein aufgeastetes Gehölz plötzlich förmlich über allem ... Pure Eleganz, die mit einfachsten Mitteln zu erreichen ist. In meinem Garten habe ich eine alte rotlaubige Purpur-Hasel (*Corylus maxima* 'Purpurea') im unteren Drittel von Laub und Jungtrieben befreit und die Wirkung ist einfach grandios! Eine Hasel verträgt auch radikalere Eingriffe gut, aber ich empfehle unbedingt, sich vorab schlauzumachen, ob das auch mit dem Gehölz funktioniert, das ihr in eurem Garten aufasten wollt.

— ***LEONIE ORGEL @STAUDENPRINZESSIN***

Durch die Staffelung von Hecke (hier Liguster) und der schwebenden Hecke aus Amberbäumen schafft man den Eindruck von noch mehr Tiefe im Garten. Rechts eine Eberesche (*Sorbus aucuparia*) mit roten Früchten.

Linde, Birne und **Amberbaum.** Diese Arten sind schnittverträglich, bilden dichte Kronen und treiben nach dem Rückschnitt zuverlässig wieder aus. Auch Eibe eignet sich gut, wächst allerdings langsamer.

Der Bereich unter der Krone bleibt frei – dort kann man niedrige Stauden pflanzen, einen schmalen Weg anlegen oder einfach Rasen lassen. Optisch wirken schwebende Hecken leichter als bodenständige Pflanzungen. Zudem bieten sie sofort Sichtschutz auf Augenhöhe.

Einmal jährlich schneiden – am besten im späten Winter oder nach dem Johannistrieb Mitte Juni. Ohne Schnitt würden die Kronen zu breit. Auch am Stamm können gelegentlich unerwünschte Triebe erscheinen, die entfernt werden sollten.

TIPP

Als Faustregel bei der Pflanzung von Hecken gilt: 2,5 Pflanzen pro laufendem Meter Hecke. Das ergibt einen Pflanzabstand von etwa 40 cm. Bei lockeren Naturhecken liegt der Pflanzabstand in der Hecke zwischen 50 und 150 cm.

KEIN BAUM, ABER GENAUSO GUT: BAMBUS

BAMBUS FAKT #1 VIELFALT IN GRÜN

Es gibt viele verschiedene Bambusarten – von großblättrigen über kleinblättrigen, riesig hohen mit dicken Halmen über kleine bodendeckende Büsche. Sie sind winterhart, immergrün und oft farbenprächtig. Bambus lässt sich in zwei Gruppen einteilen: rhizombildende und horstbildende Arten.

BAMBUS FAKT #2 VERLIERT LAUB

Was viele nicht wissen und oft auch nicht beachten: Auch Bambus verliert Laub! Und das ist nicht zu knapp, was mit der Zeit sehr störend in Beeten werden kann. Gerade große Sorten mit breiten Blättern an den Halmen lassen übers Jahr verteilt eine große Menge Laub fallen.

Sonjas Tipp: Ich habe bei mir *Fargesia nitida* 'Jiuzhaigou 1' gepflanzt. Er hat sehr feine Blätter, die nicht zu stark abgeworfen werden.

BAMBUS FAKT #3 PHYLLOSTACHYS – DIE AUSBRECHER

Die meisten kennen und fürchten (zurecht) die rhizombildenden Arten und Sorten. Der Flachrohrbambus (*Phyllostachys*) bildet Ausläufer, bei denen es sich um dicke Rhizome mit kräftigem Austrieb handelt. Dieser kann so kräftig sein, dass er locker durch die Isolierung von Fassaden oder durch asphaltierte Straßen geht. Daher muss dieser Bambus mit einer Rhizomsperre »eingesperrt« werden. Das ist entweder eine Folie oder eine ganze Wanne mit offenem Boden, in die der Bambus gepflanzt wird. Diese Sperre hält die Rhizome auf, und der Bambus bleibt dort, wo er stehen soll. Dabei ist Sorgfalt geboten, damit der Bambus keine Möglichkeit hat, auszubrechen. Die Sperre darf an den Ecken nicht einfach nur zu überlappen, sondern muss fest mit Schienen verschlossen werden. Nur so ist garantiert, dass die Rhizome nicht doch einen Ausweg finden. Wer hier nachlässig arbeitet, hat später das Nachsehen – denn einmal ausgebrochen, ist Flachrohrbambus kaum noch einzudämmen.

BAMBUS FAKT #4 FARGESIA – DIE ZAHMEN

Der Schirmbambus bildet seine Triebe nur im Umkreis von 5 bis 10 cm. So entsteht ein dichter Horst, ähnlich wie bei vielen Gräsern. Eine Wurzelsperre ist hier nicht nötig – der perfekte Bambus für den Garten.

Die *Fargesia*-Arten sind oft zierlicher und kleiner, gut für kleine Hecken geeignet. Mittlerweile gibt es auch Sorten, die bis zu 5 m hoch werden. Durch die dichten Horste lassen sie sich wunderbar als Sichtschutz pflanzen und sind ein perfekter Ersatz für *Phyllostachys*-Arten.

BAMBUS FAKT #5 BAMBUS IM KÜBEL

Bei guter Düngung macht sich Schirmbambus auch im Kübel toll. Er ist sehr schnittverträglich, und wenn einem der Horst irgendwann doch zu groß wird, kann man ihn einfach mit einer Säge oder Axt teilen.

Die Seidenakazie (*Albizia julibrissin*) wird auch Schlafbaum genannt, weil sie bei Regen und hoher Luftfeuchtigkeit, aber vor allem nachts ihre Blätter zusammenklappt, also quasi »schläft«.

Extravagantes Laub oder ausgefallene Rinde – da staunen die Nachbarn

Du suchst einen richtigen Eyecatcher für deinen Garten? Es gibt Gehölze, die direkt alle Blicke auf sich ziehen, zum Beispiel die **Seidenakazie** (*Albizia julibrissin*) mit ihren gefiederten Blättern. Noch ausgefallener sind die Blüten. Sie stehen wie kleine Pinsel an den Zweigenden und bringen einen Hauch Exotik in den Garten. Nicht ganz so exotisch, dafür superrobust ist die **Weiden-Birne** (*Pyrus salicifolia*). Sie fällt durch ihr fast silberfarbenes Laub auf, das an die Blätter der Olive erinnert. Filigran wirkt die Sorte 'Black Lace' des **Schwarzen Holunders** (*Sambucus nigra*). Ein wunderschöner, ausladender Strauch mit fast purpurdunklen, fein geschlitztem Laub. Auffallend sind die zartrosafarbenen Blüten, die im Mai erscheinen und sich vom dunklen Laub abheben. Beim Holunder nicht vergessen: Nach der Blüte folgen dunkle Früchte!

Aber nicht nur das Laub kann einen Baum zum Blickfang machen, auch die Rinde kann ein Hingucker sein. Ein richtiger Allrounder, was Blüte, Laub und Stamm angeht, ist die **Mahagoni-Kirsche** (*Prunus serrula*). Ihre dunkle rotbraune Rinde ist hochglänzend und kommt bei mehrstämmigen Exemplaren am besten zur

Geltung. Der **Rote Schlangenhaut-Ahorn** (*Acer capillipes*) besitzt eine schön gemaserte Rinde, während sein Laub im Herbst in bunten Farben leuchtet. Dass hier gleich noch ein Ahorn auftaucht, zeigt, dass Ahorne sehr vielfältig sind. Die Rinde des **Zimt-Ahorns** (*Acer griseum*) schält sich vom Stamm und gibt dabei einen Zimtgeruch ab. Und wenn du im Winter einen richtigen Farbknaller im Garten haben möchtest, dann ist der **Purpur-Hartriegel 'Sibirica'** (*Cornus alba* 'Sibirica') eine Option. Dessen Zweige leuchten das ganze Jahr hindurch in knalligen Rot. Gerade im Winter mit Frost oder Schnee ist das ein Highlight. 'Sibirica' überzeugt außerdem mit einer schönen Blüte von Mai bis Juni und leuchtender Herbstfärbung.

Der Rote Schlangenhaut-Ahorn (*Acer capillipes*) fasziniert mit seiner schönen Rinde und der tollen Herbstfärbung zu jeder Jahreszeit.

MEIN #LIEBLINGSKLEINERBAUM: ZIMT-AHORN

Der Zimt-Ahorn (*Acer griseum*) strahlt zu jeder Jahreszeit etwas Besonderes aus. Seine zimtbraune, in dünnen Locken abrollende Rinde wirkt wie ein natürliches Kunstwerk und leuchtet besonders schön, wenn die Sonne darauf fällt oder wenn im Winter sonst kaum Farbe im Garten ist. Im Herbst verfärbt sich das Laub intensiv orange-rot und bringt eine unglaubliche Wärme in den Garten, ohne dabei aufdringlich zu wirken.
Besonders ist an diesem Baum, dass er relativ klein und langsam wachsend ist und deshalb auch in kleineren Gärten gut Platz findet. Er wirkt elegant, nicht streng, und verbindet Zierwert mit einer gewissen Ruhe und Natürlichkeit. Gerade diese Kombination aus außergewöhnlicher Rinde, einem schönen Laub, einer leuchtender Herbstfärbung und seiner zurückhaltenden Größe macht den *Acer griseum* für mich zu einem ganz besonderen Lieblingsbaum.

— ***ALEXANDRA LEHNE @SOULGARDEN_BY_ALEXANDRA_LEHNE***

DIE SCHÖNSTEN BLATT- UND RINDEN-SCHMUCKGEHÖLZE

SCHIRM-MAGNOLIE
(MAGNOLIA TRIPETALA)

Exotischer Kleiner Baum mit sehr großen, schirmartig angeordneten Blättern. Im Frühsommer cremeweiße, duftende Blüten. Wächst zügig und erreicht etwa 6 bis 8 m Höhe. Bevorzugt sonnige bis halbschattige, windgeschützte Standorte mit frischem, humosem Boden.

KANADISCHER JUDASBAUM
(CERCIS CANADENSIS 'FOREST PANSY')

Auffälliger Kleinbaum mit herzförmigem, dunkel purpurfarbenem Laub, das sich im Jahresverlauf leicht vergrünt. Im Frühjahr vor dem Laubaustrieb zartrosa Blüten direkt am Stamm und an den Zweigen. Wächst langsam und wird etwa 4 bis 6 m hoch. Bevorzugt sonnige bis halbschattige, geschützte Standorte mit durchlässigem Boden. Ideal als Solitär.

REISPAPIERBAUM
(TETRAPANAX PAPYRIFERA)

Markantes Blattschmuckgehölz mit riesigen Blättern und exotischer Wirkung. Treibt nach Frostschäden kräftig neu aus. Wird etwa 3 bis 5 m hoch. Liebt warme, geschützte Standorte mit nährstoffreichem, frischem Boden. Ideal für experimentelle Pflanzungen.

KORKSPINDEL, FLÜGEL-SPINDELSTRAUCH (EUONYMUS ALATUS)

Strauch mit auffälligen korkartigen Leisten an den Zweigen. Leuchtend rote Herbstfärbung. Wächst langsam und erreicht etwa 2 bis 3 m Höhe. Anspruchslos.

MAHAGONI-KIRSCHE (PRUNUS SERRULA)

Eleganter Kleinbaum mit glänzend rotbrauner, sich ringförmig ablösender Rinde. Dezente Blüte im Frühjahr, besonders wirkungsvoll im Winter. Wächst schlank und wird etwa 6 bis 8 m hoch. Bevorzugt sonnige bis halbschattige Standorte mit durchlässigem, normalem Gartenboden. Ideal als Solitär.

ROTER HARTRIEGEL (CORNUS 'MIDWINTER FIRE')

Strauch mit auffälligen, orange- bis rotgelben Trieben, die besonders im Winter leuchten. Super Strukturwirkung. Wird etwa 2 bis 3 m hoch. Bevorzugt sonnige bis halbschattige Standorte mit frischem bis feuchtem Boden.

BIRKE (BETULA-ARTEN)

Mittelgroße Bäume mit heller, oft weißer Rinde und luftigem Wuchs. Unauffällige Blüte, hohe landschaftliche Wirkung. Je nach Art 10 bis 20 m hoch. Liebt sonnige Standorte und durchlässige, frische Böden. Ideal für naturnahe Gärten.

Lebensraum für Tiere – mehr als nur Dekoration

Bäume und Sträucher sind weit mehr als schöne Gestaltungselemente im Garten – sie sind komplexe Ökosysteme. Ein einzelner ausgewachsener Apfelbaum kann über 1000 verschiedene Tierarten beherbergen, von Insekten über Vögel bis hin zu Fledermäusen. Wer bewusst auf die richtigen Gehölze setzt, schafft wertvollen Lebensraum und trägt aktiv zum Erhalt der Artenvielfalt bei.

Viele Gartenbesitzer unterschätzen, wie wichtig selbst ein einzelner Baum sein kann. Ein blühender Obstbaum im Frühjahr versorgt Wildbienen, Hummeln und Schmetterlinge mit Nektar und Pollen – und zwar genau dann, wenn andere Nahrungsquellen noch rar sind. Im Sommer bieten dichtes Laub und Astgabeln Vögeln sichere Nistplätze und Schutz vor Hitze. Im Herbst sorgen Beeren und Früchte für dringend benötigte Nahrung, wenn die Insektenpopulation zurückgeht. Und im Winter dienen immergrüne Gehölze oder dichte Hecken als lebensrettender Unterschlupf vor Kälte und Wind.

Was viele nicht wissen: Die Wahl des Gehölzes entscheidet maßgeblich darüber, welche Tiere sich ansiedeln. Eine exotische Thuja-Hecke mag blickdicht sein, ökologisch ist sie jedoch nahezu wertlos. Heimische Gehölze wie Weißdorn, Schlehe, Eibe oder Holunder bieten hingegen Nahrung für spezialisierte Insektenarten, die wiederum Nahrungsgrundlage für Vögel sind. Die ökologische Vernetzung im Garten beginnt beim ersten Gehölz.

Ein Apfelbaum und ein wilder Kräuterrasen sind ein Segen für die Tierwelt und tragen zum ökologischen Wert des Gartens bei.

Rosenkäfer an Weißdorn

Amsel beim Füttern der Nestlinge

Admiral an Ebereschenbeeren.

TIPP

Wer im Herbst ein paar Äpfel liegen lässt, tut Insekten und Vögeln einen Gefallen. Überreife Früchte werden von Wespen, Hornissen und Schmetterlingen genutzt – später auch von Igeln, die sich vor dem Winterschlaf Fettreserven anfressen.

Heimische Gehölze – Spezialisierung schafft Vielfalt

Heimische Arten haben einen entscheidenden Vorteil: Sie sind über Jahrtausende mit der hiesigen Tierwelt verwachsen. Viele Insektenarten sind auf bestimmte Pflanzen spezialisiert – sie können nur an diesen überleben und sich fortpflanzen. Die **Eberesche** oder **Vogelbeere** (*Sorbus aucuparia*) beispielsweise ist nicht nur Futterpflanze für über 60 Vogelarten, sondern auch Wirtspflanze für mehr als 40 verschiedene Raupenarten. Ohne solche oder verwandte Gehölze fehlt diesen Arten die Lebensgrundlage.

Die **Kornelkirsche** (*Cornus mas*) ist ein weiteres Paradebeispiel. Ihre Blüten öffnen sich bereits im März, wenn die meisten anderen Gehölze noch kahl sind. Zu diesem Zeitpunkt

MEIN #LIEBLINGSKLEINERBAUM: ZIER-ÄPFEL

Zier-Äpfel gehören für mich zu den schönsten Gehölzen im Garten – erst die bezaubernde, üppige Blüte im Frühjahr, dann die kleinen Äpfelchen im Herbst, die oft bis weit in den Winter am Baum bleiben. Ich habe 'Pomzai', der klein und kompakt wächst und orange Früchte trägt. Mein Favorit ist aber 'Red Sentinel'. Er entwickelt etwas größere Äpfel, die selbst im tiefen Winter noch am Baum hängen. Die Vögel holen sie sich erst nach ein paar richtig kalten, frostigen Tagen. Und wenn dann der erste Schnee auf den dunkelroten Früchten liegt, sehen sie aus wie kleine umgedrehte Nikoläuse.

— *SARAH STILLER @MYCOTTAGEGARDEN.DE*

Die Kornelkirsche öffnet ihre Blüten oft schon im Februar und ist für viele Insekten überlebenswichtig

sind bereits die ersten Wildbienen und Hummeln unterwegs – für sie ist die Kornelkirsche oft die erste verfügbare Nahrungsquelle nach dem Winter. Später im Jahr reifen die dunkelroten Früchte, die von über 20 Vogelarten gefressen werden. Sogar Siebenschläfer und Haselmäuse bedienen sich an den vitaminreichen Beeren.

Die richtige Mischung macht's

Ein ökologisch wertvoller Garten braucht keine Gehölzsammlung – entscheidend ist die Vielfalt. Wer verschiedene heimische Sträucher kombiniert, schafft ein ganzjähriges Nahrungsangebot. **Haselnuss** blüht als eine der ersten im Februar und versorgt früh fliegende Insekten. **Weißdorn** und **Schlehe** folgen im April und Mai mit üppigen Blüten. Im Sommer tragen **Holunder** und **Felsenbirne** Beeren, im Herbst reifen Hagebutten an **Wildrosen** und im Winter bleiben die Früchte von **Weißdorn** und **Liguster** oft bis ins Frühjahr am Strauch – eine unverzichtbare Notreserve für Vögel. Interessant ist auch die Struktur: Dichte, dornige Sträucher wie **Schlehe** oder **Weißdorn** bieten

WAS TIERE WIRKLICH BRAUCHEN

Nahrung rund ums Jahr
Nicht nur im Sommer zählt. Früh blühende Gehölze wie Kornelkirsche oder Weide versorgen Insekten ab März. Im Herbst sind Beeren wichtig, im Winter Früchte, die am Strauch bleiben.

Nistplätze und Schutz
Dichte, dornige Sträucher wie Weißdorn oder Schlehe bieten sichere Brutplätze. Greifvögel und Katzen kommen hier kaum ran.

Totholz und Höhlen
Alte Bäume mit Rissen, Höhlen oder abgestorbenen Ästen sind Gold wert. Spechte, Meisen, Fledermäuse und über 1400 Käferarten brauchen Totholz zum Überleben.

Vielfalt statt Monokultur
Eine Mischung aus verschiedenen heimischen Sträuchern schafft mehr Lebensraum als eine einzige Art. Haselnuss, Holunder, Schlehe und Wildrosen ergänzen sich perfekt.

Chemie vermeiden
Pestizide töten nicht nur Schädlinge, sondern auch Nützlinge. Ein naturnaher Garten verträgt ein paar Blattläuse – sie sind Leckerbissen für Marienkäfer und Vögel.

nicht nur Nahrung, sondern auch geschützte Brutplätze. Greifvögel und Katzen haben hier kaum eine Chance, an Nester heranzukommen. Solche »Schutzhecken« werden von Amseln, Nachtigallen und Grasmücken bevorzugt. Ein ökologisch wertvoller Garten braucht keine riesige Fläche. Schon eine kleine Hecke aus **Haselnuss, Weißdorn, Holunder** und **Schlehe** bietet mehr Lebensraum als eine zehn Meter lange Thujahecke. Wer Platz hat, kann auch eine gestaffelte Pflanzung anlegen: Niedrige Sträucher vorne, höhere dahinter. Das schafft unterschiedliche Nischen für verschiedene Tierarten.

Nicht-heimische Gehölze – auch sie können wertvoll sein

Nicht jedes nicht-heimische Gehölz ist ökologisch wertlos. Entscheidend ist, ob es Blüten, Früchte oder Beeren trägt, die von Tieren genutzt werden können. **Zier-Äpfel** beispielsweise blühen überaus üppig und bieten Insekten reichlich Nektar und Pollen. Die kleinen Äpfel bleiben oft bis weit in den Winter am Baum und werden von Amseln, Drosseln und Staren gefressen. Auch die **Felsenbirne** (*Amelanchier lamarckii*) ist ein ökologischer Allrounder: Ihre frühe weiße Blüte lockt Bienen an, die süßen, heidelbeerähnlichen Beeren sind bei Vögeln und Menschen gleichermaßen beliebt, und die dichte, mehrstämmige Wuchsform bietet geschützte Nistplätze. Selbst Sorten, Auslesen und Zuchtformen können sinnvoll sein, solange sie ungefüllte Blüten besitzen. Gefüllte Blüten – wie bei vielen **Zier-Kirschen** – sehen zwar spektakulär aus, sind für Insekten aber unbrauchbar, da sie wenig oder gar keinen Nektar und Pollen enthalten. Wer ökologisch pflanzen will, sollte daher immer auf **ungefüllte Sorten** achten.

Früchte und Beeren – das Timing ist entscheidend

Nicht alle Früchte werden sofort gefressen. Viele Vogelarten bevorzugen Beeren erst, nachdem sie durch Frost weicher und süßer geworden sind. Der **Feuerdorn** (*Pyracantha*) beispielsweise trägt leuchtend orangerote Beeren, die oft bis Januar am Strauch bleiben. Erst wenn andere Nahrungsquellen erschöpft sind, holen sich Amseln und Wacholderdrosseln die Beeren.

Auch der **Liguster** (*Ligustrum vulgare*) ist ein unterschätzter Winterversorger. Seine schwarzen Beeren sind für Menschen ungenießbar, für viele Vögel wie Amseln und Drosseln jedoch eine wichtige Energiequelle.

Stein-Eichen (*Quercus ilex*) stammen ursprünglich aus dem Mittelmeerraum und fühlen sich zunehmend auch bei uns wohl.

Klimabäume – Gehölze für die Zukunft

Der Klimawandel verändert unsere Gärten. Längere Trockenperioden, Hitzerekorde im Sommer, Spätfröste im Frühjahr und Starkregenereignisse stellen Bäume vor neue Herausforderungen. Viele klassische Gartengehölze leiden unter diesen Bedingungen – sie werfen vorzeitig Laub ab, wachsen schwach oder werden anfällig für Krankheiten. Wer heute einen Baum pflanzt, sollte daher nicht nur an die Gegenwart denken, sondern auch daran, ob das Gehölz in zwanzig oder dreißig Jahren noch vital sein wird.

Sogenannte Klimabäume sind Arten, die mit den veränderten Bedingungen gut zurechtkommen. Sie vertragen längere Trockenheit, kommen mit Hitze klar und bleiben auch bei Extremwetter stabil. Das bedeutet nicht, dass sie ohne Wasser auskommen – gerade in den ersten Jahren nach der Pflanzung brauchen auch robuste Arten regelmäßig Wasser. Doch einmal eingewachsen, benötigen sie deutlich weniger Pflege als empfindlichere Arten.

Trockenheitstoleranz – was steckt dahinter?

Nicht jeder Baum, der Trockenheit verträgt, ist automatisch ein Klimabaum. Entscheidend ist, wie das Gehölz mit Stress umgeht. Manche Arten bilden tiefe Pfahlwurzeln, die auch in trockenen Sommern noch an Wasser in tieferen Bodenschichten herankommen. Andere haben kleinere, ledrige Blätter, die weniger Wasser verdunsten. Wieder andere können ihr Wachstum bei Trockenheit einstellen und nach

Regen schnell wieder durchstarten.

Der **Eisenholzbaum** (*Parrotia persica*) beispielsweise ist extrem anpassungsfähig. Er verträgt Trockenheit, Hitze und auch strengen Frost. Gleichzeitig bietet er im Herbst eine spektakuläre Färbung in Gelb, Orange, Rot und Violett. Auch der **Feld-Ahorn** (*Acer campestre*) ist robust: Er kommt mit Trockenheit, kalkhaltigen Böden und Stadtklima zurecht und lässt sich zudem hervorragend schneiden.

Mediterrane Arten wie die **Stein-Eiche** (*Quercus ilex*) oder der **Zürgelbaum** (*Celtis australis*) gelten ebenfalls als zukunftsfähig. Sie sind an heiße, trockene Sommer gewöhnt und kommen mit den Bedingungen in Deutschland immer besser zurecht. Allerdings brauchen sie geschützte Standorte und sind nicht überall winterhart.

Die Standortwahl entscheidet mit

Auch der beste Klimabaum braucht den richtigen Standort. Ein Baum, der Trockenheit verträgt, leidet trotzdem, wenn er auf verdichtetem, staunassem Boden steht. Umgekehrt kann ein eigentlich feuchtigkeitsliebender Baum an einem geschützten, gut mit Wasser versorgten Platz auch in heißen Sommern gedeihen.

Wer einen Klimabaum pflanzen will, sollte den Boden vorbereiten: Lockern, gegebenenfalls Sand oder Lavagranulat einarbeiten, um die Drainage zu verbessern, und in den ersten Jahren regelmäßig wässern. Mulchen hilft, Feuchtigkeit im Boden zu halten und Unkraut zu unterdrücken.

TIPP:
MULCHEN SPART WASSER

Eine 5 dis 10 cm dicke Mulchschicht aus Rindenmulch, Miscanthus, Kompost oder Holzhackschnitzeln hält Feuchtigkeit im Boden, unterdrückt Unkraut und schützt Wurzeln vor Hitze. Gerade bei trockenheitsverträglichen Bäumen reduziert Mulchen den Gießaufwand erheblich. Wichtig: Mulch nicht direkt an den Stamm legen.

MEIN #LIEBLINGSKLEINERBAUM: KORNELKIRSCHE

Für mich ist die Kornelkirsche (*Cornus mas*) eins der schönsten Wildgehölze und wird oft völlig unterschätzt. Wenn sie sich frei entfalten darf wird sie ein schattenspendendes, mehrtriebiges Großgehölz. Ideal für kleine Gärten. Sie ist sehr schnittverträglich, lässt sich aufasten und auslichten. Außerdem hat sie, einmal eingewachsen, kaum Probleme mit der Klimaveränderung und kommt mit vielen Böden gut zurecht. Dazu ist sie ein echtes Vierjahreszeitengehölz und immer attraktiv.

— ***BARBARA GERLACH @HORTUS.VIVENDI***

DIE SCHÖNSTEN KLIMABÄUME

FELD-AHORN (ACER CAMPESTRE)

Ein anspruchsloser heimischer Baum, der 6 bis 10 m hoch wird und sich gut für kleine Gärten eignet. Im Herbst färbt sich das Laub leuchtend gelb. Der Feld-Ahorn verträgt Trockenheit, kalkhaltigen Boden und auch Stadtklima problemlos. Er lässt sich sehr gut schneiden und kann als Hecke oder Hausbaum verwendet werden.

EINGRIFFLIGER WEISSDORN (CRATAEGUS MONOGYNA)

Wird 4 bis 8 m hoch und ist mit seinen weißen Blüten im Mai eine wichtige Bienenweide. Die dornigen Zweige bieten Vögeln sichere Brutplätze. Im Herbst reifen die roten Früchte, die bis in den Winter am Baum bleiben. Robust, trockenheitsverträglich und ideal für Hecken oder als Solitär.

KORNELKIRSCHE (CORNUS MAS)

Ein früh blühender Strauch oder kleiner Baum (4 bis 6 m), der bereits im März gelbe Blüten zeigt – eine der ersten Nahrungsquellen für Insekten. Im Spätsommer reifen die dunkelroten, essbaren Früchte. Das Laub färbt sich im Herbst gelb bis orange. Verträgt Trockenheit, Kalk und sogar Schatten.

MAULBEERBAUM (MORUS-ARTEN)

Charaktervoller Baum mit großen, weichen Blättern und dichter Krone, die angenehmen Schatten spendet. Je nach Art weiße, rote oder schwarze, essbare Früchte. Wächst langsam bis mäßig schnell und wird etwa 8 bis 15 m hoch. Sehr hitze- und trockenheitsverträglich, bevorzugt sonnige Standorte und durchlässige, eher trockene Böden. Ideal als Klimabaum für warme Lagen und Stadtgärten.

BLASENESCHE (KOELREUTERIA)

Wird 8 bis 10 m hoch. Die Säulenform 'Fastigiata' wird nur anderthalb bis zwei Meter breit. Beim Austrieb sind die Blätter bronzefarben. Noch ausgeprägter ist der leuchtend korallenrote Austrieb bei der Sorte 'Coral Sun'. Ihr Laub ist heller als das der reinen Art. 'Coral Sun' wächst auch etwas langsamer und eignet sich daher gerade für kleinere Hausgärten.

ORIENTALISCHE HAINBUCHE (CARPINUS ORIENTALIS)

Wird 10 bis 20 m hoch, lässt sich aber durch Schnitt klein halten. Das Laub färbt sich im Herbst goldgelb und bleibt oft bis zum Frühjahr am Baum – ideal als winterlicher Sichtschutz. Extrem robust, schnittverträglich und gedeiht auf fast jedem Boden.

ELSBEERE (SORBUS TORMINALIS)

Heimischer Kleinbaum mit ahornähnlichem Laub. Im Herbst attraktive gelb-rote Färbung und braune, apfelartige Früchte. Wächst langsam und wird etwa 10 bis 20 m hoch. Trockenresistent. Bevorzugt sonnige bis halbschattige Standorte mit durchlässigem, eher trockenem Boden.

#3 GESCHMACKSSACHE

WELCHE FORM PASST ZU MIR?

TIPP

Wichtig ist, dass Du weißt, welchen Platz das Gehölz einnimmt und welchen Nutzen es für dich haben soll. Wäge genau ab, wie du den Platz rund um dein neues Gehölz verwenden möchtest.

Die Form eines Baumes ist eines der Hauptentscheidungskriterien beim Kauf, daher solltest du genau wissen, nach was du suchst. Wie viel Platz bietet der Garten und welchen Nutzen soll der Baum erfüllen? Willst du dir darunter einen gemütlichen schattigen Sitzplatz einrichten, eine Schaukel aufhängen, oder soll genügend Platz sein, dass man drumherum auch noch Fußballspielen kann? Hast du eine kleine Ecke im Garten, die du gerne mit einem schönen Gehölz füllen möchtest, oder suchst du einen Hingucker vorm Haus? Wir zeigen dir verschiedene Möglichkeiten, und erläutern, für welche Ansprüche sie eine gute Lösung sein können.

Hochstamm – viel Platz zum Sitzen und Unterpflanzen

Du willst nicht zu viel Platz am Boden für ein Gehölz opfern, da du die Fläche anders nutzen möchtest? Es sollte in jedem Garten jedoch mindestens ein schönes schattiges Sitzplätzchen unter einem Baum geben. Spätestens in heißen Sommern weiß man solche Orte nämlich sehr zu schätzen. Für solche Rückzugsorte eignen sich Hochstämme besonders gut, zumal sich die meisten auch noch gut unterpflanzen lassen und daher sogar mitten in ein großes

Staudenbeet gepflanzt werden können. Tipps für eine schöne Unterpflanzung findest du ab Seite 110.

Auch wenn man einen großen Rasen als Spielfläche nutzen möchte, ist ein Hochstamm eine gute Option, da er unterhalb der Krone kaum Platz raubt. Und wer hat nicht schon immer von einer Hängematte im Baumschatten geträumt? Das lässt sich mit zwei nahe beieinander stehenden Bäumen mit kräftigen hohen Stämmen ganz einfach realisieren.

Die Bezeichnung » Hochstamm « ist ganz klar definiert – Zierbäume dürfen erst so verkauft werden, wenn ihr Stamm mindestens 1,80 m lang ist. Die Kronenverzweigung beginnt somit oberhalb der Mindesthöhe von 1,80 m und bietet daher unterhalb des Laubs genügend Freiraum für Sitzplätze oder Spielfläche. Hochstämme werden entweder im jungen Alter durch Schnittmaßnahmen so erzogen, dass erst in der gewünschten Höhe seitliche Äste erscheinen und so eine Krone gebildet wird. Oder die gewünschte Sorte wird in der Baumschule auf den Stamm einer Unterlage veredelt. Das ist bei Kugelformen, die es von Spitz-Ahorn, Trompetenbaum oder Amberbaum gibt, immer der Fall, da sie keinen eigenen Stamm ausbilden.

Im Sommer ist nichts angenehmer als lichter Baumschatten.

MEIN #LIEBLINGSKLEINERBAUM: ZWERG-FLÜGELSPINDELSTRAUCH

Der Kleinstrauch als Hochstamm, den ich vorschlage, ist der Zwerg-Flügelspindelstrauch (*Euonymus altus* 'Little Moses') als Hochstamm.
Die Unterlage ist ein Spindelstrauch (Sorte unbekannt), aus der keine Wildtriebe schießen. Die Veredlung mit *Euonymus altus* 'Little Moses' ist am oberen Stamm. Die Sorte ist ein Zwerg-Flügelspindelstrauch, der nur sehr langsam wächst. Er wird etwa 80 cm breit und ab der Veredlung ebenso hoch. Die Veredlungsstelle ist bei mir in einer Höhe von 1,70 m. Daher ist er auch im hinteren Teil des Beetes ein toller Blickfang. Die Blüte ist eher unauffällig, aber die kleinen Beeren sind leuchtend rot gefärbt. Vor allem die Herbstfärbung ist sehr beeindruckend. Ich habe ihn bei mir bewusst am Ende des Gartens als herbstlichen Blickfang gesetzt. Das feuerrote Laub zieht im Herbst sofort die Blicke auf sich und ist im hinteren Garten ein Fixpunkt. Persönlich liebe ich das leuchtende Herbstlaub mit Astern wie 'Asran' oder 'Schöne von Dietlikon', aber auch mit dem kräftigen Blauviolett des Eisenhuts. Das Schöne an der Sorte ist, wie pflegeleicht sie ist. Da sie so langsam wächst, muss man sie bis auf eventuelles Totholz nie schneiden, wobei ich selbst Totholz bisher noch nie hatte. Bei mir brüten jedes Jahr in der » Krone « Vögel, da sie dort anscheinend gut geschützt sind. Bei mir gedeiht 'Little Moses' halbschattig und auf normalem, leicht sandigem Gartenboden.

— *DANIEL BALKS @BALTIC_GARDENING*

SCHÖNE SCHATTENSPENDER FÜR CHILLIGE ECKEN IM GARTEN

KUGEL-AHORN (ACER PLATANOIDES 'GLOBOSUM')

Hat eine kompakte, kugelförmige Krone (Breite: 5 bis 6 m), die dichten Schatten spendet, ohne viel Platz zu beanspruchen. Er ist pflegeleicht, robust und ideal für kleinere Gärten. Das dichte Laub und die goldgelbe Herbstfärbung machen ihn attraktiv. Seine Wurzeln sind unproblematisch für Sitzflächen. Einzig der starke Laubabwurf im Herbst sorgt kurzzeitig für Arbeit.

JAPANISCHE BLÜTEN-KIRSCHE (PRUNUS SERRULATA 'SHIROTAE')

Bildet eine breite, ausladende Krone (Breite: 4 bis 6 m), die großflächigen Schatten bietet. Die dichte Belaubung und die weißen Blüten im Frühling sind ebenso wie die tolle Herbstfärbung ein Highlight. Sie wächst schnell, benötigt wenig Pflege und ist ideal für Sitzecken.

FÄCHER-AHORN (ACER PALMATUM)

Hat eine breit ausladende Krone (Breite: 3 bis 6 m), die dichten Schatten liefert. Sein fein strukturiertes Laub und die leuchtend rote bis orange Herbstfärbung werten gemütliche Sitzecken auf. Fächer-Ahorne können auch als Hochstamm gezogen werden. Sie wurzeln zwar flach, aber die Wurzeln im oberen Bodenbereich sind sehr fein und unproblematisch.

ZIER-APFEL 'ROYALTY' (MALUS 'ROYALTY')

Bildet eine kompakte, runde Krone (Breite: 3 bis 5 m), die effektiv Schatten spendet. Seine roten Blüten im Frühling, das dunkelrote Laub, die kleinen Äpfel und die schöne Herbstfärbung sind sehr dekorativ. Er ist pflegeleicht und ideal für kleinere bis mittlere Sitzecken.

BLUT-PFLAUME (PRUNUS CERASIFERA 'NIGRA')

Runde, dichte Krone (Breite: 3 bis 6 m), die Schatten liefert. Ihr dunkelrotes Laub und die rosa Blüten im Frühling sind sehr ansprechend. Sie ist pflegeleicht und ideal für kleinere Gärten, bildet jedoch Früchte und ist daher weniger ideal für Sitzplätze direkt darunter.

Kugelformen wie diese Sumpf-Eichen 'Green Dwarf' werden immer auf einen Stamm veredelt.

Kugeln – eine runde Sache

Manche Gehölze bilden von Natur aus eine kugelige Krone, ohne dabei einen richtigen Stamm zu entwickeln. Werden solche Sorten auf einen Stamm derselben Art veredelt, erhält man einen Kugelbaum, bei dem der Stamm nicht mehr weiter in die Höhe, sondern nur in die Breite wächst, während die Krone größer wird, ihre kugelige Form aber auch ohne Schnittmaßnahmen weitgehend beibehält.

Wenn du dich für einen Kugelbaum entscheidest, musst du dir schon vorher genau überlegen, wo der Baum stehen soll und wie viel Platz unter der Krone sein soll. Je nach Art des Kugelbaums kann seine Krone unterschiedliche Dimensionen annehmen. Das solltest du vor allem bei der Pflanzung in der Nähe von Gebäuden im Auge behalten.

Durch regelmäßige Schnittmaßnahmen lässt sich die Krone der über Jahre klein halten. Kugelbäume werden sehr oft in Vorgärten gepflanzt, da sie meistens nicht viel Platz beanspruchen. Sie sind daher auch eine gute Wahl, wenn der Platz im Garten begrenzt ist. Die Klassiker unter den Kugelbäumen sind der **Kugel-Ahorn** (*Acer platanoides* 'Globosum') und die Kugelform des **Trompetenbaums** (*Catalpa bignonioides* 'Nana'). Sehr beliebt ist aber auch die Sorte 'Gumball' des **Amberbaums** (*Liquidambar styraciflua*), und zwar vor allem wegen ihrer spektakulären Herbstfärbung.

Neben den natürlich kugelig wachsenden Gehölzen gibt es auch Arten, die nur durch Schnitt in dieser Form gehalten werden können. Dazu zählen zum Beispiel **Hainbuche** und **Sal-Weide.** Hier musst du regelmäßig schneiden, damit sie klein und rund bleiben.

Die Sumpfeiche 'Green Dwarf' (links) und der Amberbaum 'Gumball' bilden einen schönen Sichtschutz zu den Nachbarhäusern und lassen unter den Kronen viel Platz für üppige Staudenbeete.

UNSER #LIEBLINGSKLEINERBAUM: KUGEL-TROMPETENBAUM

Als wir unser Grundstück kauften, war es groß und offen, jedoch ohne jeden Baumbestand. Uns war klar, dass wir diesem Raum Charakter und Struktur geben wollten. Die Wahl fiel auf Trompetenbäume (*Catalpa bignonioides*), die wir bewusst paarweise und einander gegenüberstehend pflanzten. So entsteht der Eindruck einer Allee, die den Blick durch den Garten lenkt und ihm Tiefe verleiht. Die gleichmäßige, kugelige Krone dieser Bäume fügt sich harmonisch in die Gestaltung ein. Besonders die großen, herzförmigen Blätter schätzen wir sehr – im zarten Austrieb ebenso wie in der vollen Sommerform.
Am Fuß der Bäume wachsen verschiedene Stauden, die für zusätzliche Farben und Strukturen sorgen. Diese Unterpflanzung ergänzt die weiche, runde Form der Kronen und sorgt je nach Tageslicht für wechselnde Gartenbilder.
Ein weiterer Grund für die Wahl dieser Bäume: Sie sind pflegeleicht. Da unser Schwerpunkt im Garten auf Stauden und ein wenig Gemüseanbau liegt, wollten wir Gehölze, die keinen hohen Pflegeaufwand verursachen. Die Trompetenbäume erfüllen diesen Anspruch und fügen sich zugleich harmonisch ins Gesamtbild ein.

— CHRISTINE LUFT @LUFTRAUM

TIPP

Der Säulen-Wacholder (*Juniperus virginiana* 'Skyrocket' ist eine schöne Alternative zur etwas kälteempfindlichen Mittelmeer-Zypresse, wenn du in einer kühleren Region lebst. Er bringt mediterranes Feeling in den Garten und trotzt auch tiefen Temperaturen, Wind und Schnee ohne Probleme. Auf dem Bild wächst ein Wilder Wein durch die Triebe und sorgt im Herbst für einen zusätzlichen Farbakzent.

Säulen – wenn der Platz sehr begrenzt ist

Säulenbäume bilden eine schmale, aufrechte Krone. Diese Wuchsform hat gleich mehrere Vorteile, wobei der wichtigste wohl der geringe Platzbedarf ist. So passen Säulenbäume aufgrund ihres schmalen Wuchses selbst in den kleinsten Garten. Durch die geringe Fläche der Krone halten sie auch stärkeren Winden gut stand, und auch größere Schneelasten sind bei laubabwerfenden Bäumen unproblematisch. Wie kannst du einen Säulenbaum im Garten einsetzen? In Einzelstellung ist solch eine Säule immer ein Hingucker und ein ganz besonderes Element im Garten. Mehrere Bäume nebeneinander bieten einen sehr hohen, schönen Sichtschutz, der nicht zu viel Platz in der Tiefe einnimmt. Punktuell gepflanzt kannst du so auch Schilder oder Straßenlaternen optisch verschwinden lassen.

Welche Säulenbäume eignen sich?

Nicht jeder Baum bildet von Natur aus eine Säulenform. Manche Arten wie die **Säulen-Hainbuche** (*Carpinus betulus* 'Fastigiata') oder die **Säulen-Eberesche** (*Sorbus aucuparia* 'Fastigiata') wachsen genetisch bedingt schmal und aufrecht. Sie behalten diese Form auch ohne Schnitt bei und werden mit den Jahren lediglich etwas breiter – aber immer noch deutlich schmaler als ihre normal wachsenden Verwandten.

Andere Arten wie die **Säulen-Kirsche** (*Prunus serrulata* 'Amanogawa') bleiben extrem schmal (nur 1 bis 2 m Breite) und eignen sich daher besonders für sehr kleine Gärten oder Vorgärten. Auch die **Säulen-Felsenbirne** (*Amelanchier alnifolia* 'Obelisk') ist mit ihrer schmalen Wuchsform und der üppigen weißen Blüte im Frühjahr eine gute Wahl.

Wichtig ist, dass Säulenbäume zwar schmal bleiben, aber dennoch in die Höhe wachsen. Wer einen Baum für eine begrenzte Höhe sucht, sollte auf die Endgröße achten. Manche Säulenbäume wie die **Säulen-Eiche** können 15 bis 20 m hoch werden – für kleine Gärten definitiv zu viel.

Pflanzung und Pflege

Säulenbäume brauchen in der Regel wenig Schnitt. Gelegentlich können einzelne Äste aus der Form wachsen – diese schneidet man einfach heraus. Wichtig ist, dass der Baum von Anfang an gerade gepflanzt wird. Eine Schieflage lässt sich später kaum noch korrigieren

TIPP

Hinter einer »Wand aus Säulenbäumen« kannst du andere Gebäude oder sonstige Störfaktoren einfach verschwinden lassen, ohne zu viel Platz im Garten hergeben zu müssen. Die Pflanzabstände zur Nachbargrenze sind durch den kompakten Wuchs sehr gering. Trotzdem schaffst du so sehr schnell eine ansprechende Höhe.

und stört bei der schmalen Wuchsform besonders.

Auch bei der Standortwahl sollte man bedenken, dass Säulenbäume durch ihre schmale Krone weniger Schatten werfen als breit wachsende Arten. Wer also einen schönen, kühl-schattigen Sitzplatz sucht, ist mit Bäumen, die einen anderen Kronentyp haben, besser beraten. Für Sichtschutz, Strukturelemente oder als Blickfang sind Säulenbäume jedoch ideal.

Ein weiterer Vorteil: Durch den geringen Platzbedarf lassen sich mehrere verschiedene Säulenbäume auch einfach nebeneinander pflanzen – so kann man mit unterschiedlichen Blütezeiten, Herbstfärbungen oder Laubfarben spielen und trotzdem eine einheitliche, schmale Silhouette erhalten.

Der Säulen-Holunder 'Black Tower' wächst recht schmal und bieten einen tollen Farbkontrast von Blüten und Blättern.

Die Sorte 'Fastigiata' der Eibe wächst ohne Schnitt streng senkrecht und bildet schöne, schlanke Säulen.

Hänge- oder Schirmformen

Ähnlich der Kugelform besitzen Bäume mit hängender Krone eine mehr oder weniger fixe Stammhöhe, auf der die hängende Krone ansetzt. Sie werden auch Kaskadenbäume genannt, da die Äste wie ein Vorhang um den Stamm herum herabhängen – perfekt für kleine Verstecke oder lauschige Sitzplätze. Es gibt zwei verschiedene Formen dieser Bäume: solche, die starke Äste bilden und bei denen nur die dünnen Triebe herunterhängen (zum Beispiel Trauer-Weide oder Trauer-Birke), und solche, bei denen die komplette Krone hängt. Die wohl bekannteste Sorte ist hier die **Hängende Kätzchen-Weide** (*Salix caprea* 'Pendula'), die man im Frühjahr in so ziemlich allen Gartencentern findet. Das geht aber durchaus auch größer, zum Beispiel mit einer **Hänge-Blut-Buche** (*Fagus sylvatica* 'Purpurea Pendula'). Definitiv sollten Bäume mit solch imposanten Kronen einen speziellen Platz bekommen und nicht von anderen Gehölzen eingeengt werden.

Die Schirmkrone ist ein Mittelding aus normaler, aufrecht wachsender Krone und einer hängenden Krone. Hier bildet sich – oft erst ab einem gewissen Alter des Baums – eine schirmförmige, leicht hängende Krone. Diese Form gibt es bei hoch- und mehrstämmigen Bäumen, und sie bietet meistens einen schönen, lichten Schatten. Sie ist eine tolle Option zum »Überdachen« von Sitzplätzen und schafft eine gemütliche, geschützte Umgebung, die viel Privatsphäre für lauschige Sommerabende bietet.

Viele Zier-Kirschen entwickeln im Lauf der Zeit breite, flache Schirmkronen, unter denen es sich vortrefflich aushalten lässt.

Hängebäume – nicht nur optisch besonders

Hängebäume schaffen eine ganz eigene Atmosphäre im Garten. Die herabhängenden Äste bilden eine Art grünen Vorhang, der neugierige Blicke abhält und geschützte Bereiche schafft. Besonders am Teichrand oder als Solitär auf einer Rasenfläche wirken sie sehr eindrucksvoll.

Wichtig bei der Auswahl ist die Stammhöhe. Manche Hängebäume werden auf niedrige Stämme (1 bis 1,50 m) veredelt, andere auf hohe (2 bis 2,50 m). Wer darunter sitzen oder durchgehen möchte, braucht entsprechend Höhe. Eine Hängende Kätzchen-Weide auf niedrigem Stamm bleibt bodennah, eine Hänge-Blut-Buche auf hohem Stamm bietet Raum darunter.

Die Pflege ist unkompliziert: Abgestorbene oder zu lange Äste können jederzeit herausgeschnitten werden. Manche Hängebäume neigen dazu, am Boden aufliegende Äste zu bilden – diese sollte man kürzen, damit die Form erhalten bleibt.

Schirmkronen – Eleganz braucht Zeit

Anders als Hängebäume entwickeln Schirmkronen ihre charakteristische Form erst mit den Jahren. Die Äste breiten sich waagerecht aus und bilden eine flache, leicht überhängende Krone. Dieser Prozess kann zehn bis zwanzig Jahre dauern – wer einen solchen Baum pflanzt, investiert also in die Zukunft.

Der Vorteil gegenüber dichten Kugelkronen: Schirmkronen lassen mehr Licht durch. Darunter können noch Stauden oder Bodendecker wachsen. Auch optisch wirken sie leichter und weniger massiv – ideal für kleine Gärten, in denen jeder Quadratmeter zählt.

TIPP

Eine Schirmkrone entwickelt sich erst über Jahre. Junge Bäume wachsen zunächst aufrecht, die typische schirmartige, breite Krone entsteht durch zunehmendes Alter, Gewicht der Äste und gezielte Pflege. Mit einem frühen, behutsamen Schnitt lässt sich diese Form unterstützen: Ein klarer Stamm, gleichmäßig verteilte Leitäste und das regelmäßige Entfernen steil nach oben wachsender Triebe fördern eine breite, waagerechte Kronenstruktur. Geduld zahlt sich aus – eine schöne Schirmkrone ist immer das Ergebnis von Zeit, Wachstum und bewusstem Lenken.

MEIN #LIEBLINGSKLEINERBAUM: HÄNGE-ULME

Wir lieben unsere Hänge-Ulme (*Ulmus glabra* 'Horizontalis'). Kein anderer Baum in unserem Garten bietet bei heißen Temperaturen diesen wohltuenden Schatten. Er steht seit circa 20 Jahren in unserem Garten und hat sich staatlich entwickelt. Unter seiner hängenden Krone passen locker zwei gemütliche Stühle, in denen man bei heißen Temperaturen wunderbar mit Blick in den Garten entspannen kann. Und dabei ist er nicht so groß, denn unser Garten ist es auch nicht. Definitiv das beste Gehölz und dazu noch unempfindlich.

— ***PETER MECKLENBURG @KOPFLASTIGS_GARTEN***

Durch Aufasten ist aus dieser zweistämmigen Hainbuche eine richtige Baumskulptur geworden.

Mehrstämmige Gehölze – malerische Gestaltungsmöglichkeiten

Bei mehr- bzw. vielstämmigen Bäumen solltest du etwas mehr Platz einplanen. Sie bilden ihre Krone auf meist trichterförmig in die Höhe wachsenden, kräftigen Stämmen und können so eine etwas breitere Krone ausbilden. Die Verzweigung beginnt schon knapp über dem Boden. Wenn du den Platz hast, ist die mehrstämmige Wuchsform auf jeden Fall die interessantere. Sie lässt sich auch gut unterpflanzen und lenkt den Blick von Mauern oder Zäunen besser ab als ein einzelner Stamm. Als Solitär gepflanzt, kann der mehrstämmige Baum auch schön einen Garten in zwei Bereiche einteilen. Sehr beliebt ist der **Eisenholzbaum** (*Parrotia persica*) in der mehrstämmigen Variante, alternativ ist auch der **Feuer-Ahorn** (*Acer tataricum* ssp. *ginnala*) wirklich empfehlenswert und meist etwas günstiger. Beide überzeugen neben dem Wuchs mit einer spektakulären Herbstfärbung.

Gerade bei mehrstämmigen Bäumen ist es durchaus sinnvoll, sich die Rinde des Baumes anzuschauen. Hier gibt es nämlich wirklich außergewöhnliche Arten mit wunderschönen Rindenfärbungen und -maserungen, die auch im Winter noch ein bisschen Abwechslung in den Garten bringen!

MEHRSTÄMMIGE GEHÖLZE MIT SCHÖNER RINDE

	Name	Höhe (m)	Breite (m)	Blütezeit	Herbstfärbung
	**Roter Schlangenhaut-Ahorn** *(Acer capillipes)*	6–10	4–6	Mai–Juni	gelb bis orange
	**Zimt-Ahorn** *(Acer griseum)*	6–9	4–6	April–Mai	leuchtend orange bis rot
	**Purpur-Hartriegel 'Sibirica'** (*Cornus alba* 'Sibirica')	2–3	2–3	Mai–Juni	gelb bis rötlich
	**Sieben-Söhne-des-Himmels-Strauch** *(Heptacodium miconioides)*	3–4	2–3	August–Oktober	gelblich, eher unauffällig
	**Mahagoni-Kirsche** *(Prunus serrula)*	6–10	4–6	April–Mai	gelb bis goldgelb
	**Eisenholzbaum** *(Parrotia persica)*	4–9	4–7	März–April	gelb, orange, rot bis violett
	**Feuer-Ahorn** (*Acer tataricum* ssp. *ginnala*)	5-6	3-7	Mai–Juni	rot bis scharlachrot

Kletterbäume – der natürlichste Spielplatz im Garten!

Ein Kletterbaum ist das Gegenteil vom »Spielgerät von der Stange«. Er ist kein fertiges Erlebnis aus dem Katalog, sondern etwas, das erst mit dem Baum entsteht – und genau das macht seinen Reiz aus. Statt Metall und Plastik hat man ein lebendiges »Klettergerüst« im Garten, das ganz nebenbei Schatten spendet, den Garten schöner macht und Jahr für Jahr an Charakter gewinnt.

Die niederländische Baumschule Ebben war eine der ersten, die daraus ein eigenes Sortiment gemacht hat, »fertige« Kletterbäume anbietet: Gehölze, die so erzogen wurden, dass sie robuste, gut erreichbare Äste und eine passende Kronenstruktur mitbringen. Praktisch ist das vor allem dort, wo man nicht zehn Jahre warten will, bis ein Baum »klettertauglich« aussieht.

Die Hainbuche ist ein idealer Kletterbaum und ermöglicht Kindern eine perfekte Naturerfahrung.

Was einen guten Kletterbaum ausmacht

Nicht jeder Baum taugt zum Klettern. Gute Kletterbäume haben stabile Äste, einen übersichtlichen Kronenaufbau und möglichst Äste, die nicht zu steil nach oben schießen, sondern eher einladend »in den Raum« wachsen. Klassiker sind **Hainbuche** (*Carpinus betulus*) oder die **Kaukasische Flügelnuss** (*Pterocarya fraxinifolia*): kräftig, mit fast waagerechten Ästen und angenehmen Abständen – perfekt, wenn man das Baumklettern wirklich im Blick hat.

Auch der **Eisenholzbaum** (*Parrotia persica*) ist ein sehr dankbarer Kandidat. Er bringt viele Äste und zähes, biegsames Holz mit. Es gibt sogar Kletterbäume für Kinder von unterschiedlichem Alter: Wenn man nicht will, dass die Kleinen schon die Äste erklimmen, wählt man einen Baum, mit

Die Ansatzhöhe der Äste beeinflusst das Einstiegsalter für die Kids beim Klettern.

Die Kaukasische Flügelnuss hat stabile, bruchfeste Äste und eignet sich ideal zum Klettern.

einer höhren Einstiegshöhe. Das heißt, die unteren Äste sich so hoch, dass die Kids erst ab einer bestimmten Körpergröße drankommen.

Früh pflanzen, dann spielen

Es müssen nicht immer gleich große Solitäre sein: Wenn der Baum noch ein paar Jahre im Garten wachsen kann, bevor die Kinder ins Kletteralter kommen, funktionieren auch kleinere, kletterbare Gehölze oder mehrstämmige Formen – etwa **Feld-Ahorn** (*Acer campestre*), **Immergrüne Eiche** (*Quercus × turneri* 'Pseudoturneri') oder **Eisenholzbaum**. Die Kletterhöhe bleibt dann zwar geringer, aber gerade für erste » Baumerfahrungen « ist das oft genau richtig.

Wichtig: Der Standort sollte nicht direkt an Pflasterflächen liegen – Rasen oder weicher Untergrund federt Sprünge besser ab. Auch der Abstand zu Zäunen spielt eine Rolle. Unterm Strich sind Kletterbäume eine wunderbare Idee: Sie verbinden Spiel, Natur und Gestaltung – und werden mit jedem Jahr ein bisschen besser.

SICHERHEITSTIPP

Ein Kletterbaum ist ein Baum – und kein TÜV-geprüftes Spielgerät. Trotzdem kannst du mit gesundem Menschenverstand viel richtig machen: Lass den Baum nach dem Pflanzen erst einmal gut anwachsen, bevor er intensiv genutzt wird. Achte auf stabile Astansätze, kontrolliere regelmäßig auf Schäden, Risse oder Totholz und schneide problematische Äste rechtzeitig heraus. Und: Der Boden unter dem Baum sollte nicht knochenhart sein – eine durchdachte Bepflanzung, Mulchflächen oder ein weicher Untergrund sind im Familiengarten oft die angenehmere Lösung.

Mit der richtigen Pflege, ausreichend Düngung und regelmäßiger Wasserversorgung können auch größere Gehölze in Pflanzgefäßen gezogen werden. Wichtig ist, dass die Töpfe ausreichend standfest sind, damit die Bäume nicht umkippen.

TIPP

Wenn du im Sommer länger wegfahren willst oder einen heißen Balkon hast, dann lohnt sich hier eine automatische Tröpfchenbewässerung für die Kübel. Das spart Zeit und Nerven, wenn man mal nicht zum Gießen kommt oder die Nachbarn keine Zeit haben.

Zwerge und Gehölze für den Kübel – dafür ist überall Platz

Kann man einen Baum auch in einen Kübel pflanzen? Das hängt offensichtlich vom Baum ab. Es gibt Zwergformen, die durch Züchtung entstehen, oder kleinbleibende Bäume, die sich sehr gut in Kübeln ziehen lassen und so Terrassen, Balkone oder Hauseingänge schmücken. Weitverbreitet ist bei uns zum Beispiel der **Zwerg-Flieder** (*Syringa meyeri* 'Palibin'), der im Frühjahr mit einer üppigen Blüte glänzt. Die kleinbleibenden Züchtungen enthalten in ihrem Namen immer die Bezeichnung » Zwerg «.

Vor allem bei **Obstbäumen** gibt es eine Vielzahl solcher Züchtungen. Ob im Kübel oder an beengten Standorten, wer gerne Obst im Garten oder auf dem Balkon hat, liegt damit definitiv richtig. Und selbst diese kleinen Bäumchen können eine ganze Menge Obst tragen! Neben den Früchten gibt es bei Obstbäumen natürlich auch immer noch eine wunderschöne Blüte im Frühjahr! Wichtig bei Obstbäumen im Kübel: Sie brauchen regelmäßige Düngung und ausreichend Wasser, vor allem während der Blüte und Fruchtbildung. Auch ein großer Kübel (mindestens 30 bis 40 Liter) ist entscheidend, damit die Wurzeln genug Platz haben.

Von sich aus kleinbleibende Bäume bieten sich natürlich für die Pflanzung in Kübeln an. Sehr oft werden daher kleine **Japanische Ahorne** in Kübeln gepflanzt. Die **Harlekin-Weide** (*Salix integra* 'Hakuro Nishiki') lässt sich im Kübel sehr schön unterpflanzen, und die kleine Stern-Magnolie überzeugt mit ihren frühen weißen Blüten im März und April.

Die bekannteste Version des großen Baums im kleinen Kübel ist wohl der Bonsai. Dabei handelt es sich aber nicht um eine spezielle Baumart, sondern um eine traditionelle japanische Kunstform, bei der Bäume und Sträucher durch gezielte Maßnahmen so geformt werden, dass sie wie ihre voll ausgewachsenen Verwandten aussehen, allerdings in Miniatur. Als Sichtschutz oder Schattenspender sind Bonsai daher leider nicht zu gebrauchen. Bei der richtigen Düngung – und das ist bei der Pflanzung im Kübel wirklich wichtig – kann man daher durchaus auch größere Bäume in Kübeln wachsen lassen. Oft zu sehen und sehr beliebt in mediterran gestalteten Gärten sind **Olivenbäume** in Körben oder Kübeln. Sie sind recht pflegeleicht, und man kann sie mit entsprechendem Winterschutz auch in unseren klimatischen Breiten kultivieren. Allerdings sollte man bedenken, dass Kübelpflanzen deutlich mehr Pflege brauchen als ausgepflanzte Gehölze: regelmäßiges Gießen und Umtopfen sowie eine und Düngung während der Wachstumszeit sind Pflicht. Dafür bieten sie aber auch Flexibilität.

Zwergwüchsige Formen eignen sich besonders gut für die Kultur in Töpfen und Kübeln.

BÄUME FÜR KÜBEL & WENIG PLATZ

SÄULEN-APFEL (MALUS-SORTEN)

Schlank wachsender Obstbaum mit aufrechtem Habitus und geringer Kronenbreite. Im Frühjahr reiche Blüte, im Sommer und Herbst dekorative, gut nutzbare Früchte. Wird im Kübel etwa 2 m hoch. Bevorzugt sonnige Standorte mit nährstoffreichem, durchlässigem Boden. Ideal für Kübel, kleine Gärten und Terrassen.

OLIVENBAUM (OLEA EUROPAEA)

Mediterraner Kleinbaum mit silbrig graugrünem Laub und knorrigem Stamm. Wächst langsam und bleibt im Kübel meist 2 bis 3 m hoch. Liebt vollsonnige, warme Standorte und durchlässige, eher magere Böden. In kalten Regionen nur bedingt winterhart, daher ideal für Kübel mit Winterquartier.

FEIGE (FICUS CARICA)

Attraktiver, breit wachsender Kleinbaum mit großen, dekorativen Blättern. Je nach Sorte schmackhafte Früchte. Wird im Kübel etwa 2 m hoch. Bevorzugt sonnige, geschützte Standorte mit durchlässiger, nährstoffreicher Pflanzerde. Sehr gut schnittverträglich geeignet. Nicht alle Sorten sind winterhart

ZWERG-NEKTARINE (PRUNUS PERSICA VAR. NUCIPERSICA)

Kompakter Obstbaum mit frühem, auffälligem Blütenflor und aromatischen Früchten. Wächst locker und erreicht 1,5 bis 2 m Höhe, im Kübel deutlich kleiner. Liebt sonnige, warme Standorte und durchlässige, humose Böden. Regelmäßiger Schnitt fördert Ertrag und Gesundheit.

HÄNGE-BIRKE (BETULA PENDULA)

Leicht wirkender Baum mit elegant überhängenden Zweigen und heller Rinde. Wächst schnell und erreicht 10 bis 15 m Höhe, bleibt im Kübel deutlich kleiner. Bevorzugt sonnige Standorte. Die Sorte 'Youngii' ist eine schwachwüchsige Trauerform und ideal für größere Kübel geeignet.

Hainbuchen lassen sich super an einem Spalier in Form ziehen und bilden so breite, schmale Sichtschutzelemente.

Spalier- und Dachformen

So unterschiedlich das auch klingt, das Prinzip ist ähnlich: Durch Festbinden werden Äste in eine bestimmte Form gebracht. Beim Spalier ist das eine vertikale und horizontale Ausrichtung entlang eines Rasters (Draht, Stäbe, Wand). Durch regelmäßigen Schnitt und Binden ermöglicht das einen platzsparenden Sichtschutz. Spalierbäume werden so gezogen, dass ihre Krone einer flachen Wand aus Laub gleicht. Es gibt viele Arten, die sich auf diese Weise ziehen lassen. Eine gängige Methode ist das zum Beispiel bei **Apfel- und Birnbäumen,** hier kann man gleichzeitig auf kleinstem Raum auch noch leckere Früchte ernten.

TIPP

Wer Platz hat, kann auch mehrere Dachbäume nebeneinander pflanzen und so eine grüne Laube schaffen – ein außergewöhnliches Gestaltungselement, das Gärten einen fast mediterranen Charakter verleiht. Der Vorteil: Das Laub spendet kühlen Schatten, lässt aber genug Luft zirkulieren, sodass es darunter nicht drückend wird.

Spalierbäume

Ein Spalier braucht Geduld. Die Äste werden über Jahre hinweg in Position gebracht, fixiert und regelmäßig geschnitten. Das Ergebnis ist ein nahezu zweidimensionales Gehölz, das an Wänden, Zäunen oder freistehenden Gerüsten wächst. Besonders eindrucksvoll sind mehrstufige Spaliere mit symmetrisch angeordneten Ästen – eine lebendige Skulptur, die Struktur in den Garten bringt.

Neben Obstbäumen eignen sich auch **Hainbuche** (*Carpinus*), **Rot-Buche** (*Fagus sylvatica*) oder **Feld-Ahorn** (*Acer campestre*) für Spaliere, ebenso **Linden** (*Tilia*) und **Amberbäume** (*Liquidambar*). Sie bilden dichte grüne Wände, die als Sichtschutz dienen oder Gartenbereiche voneinander trennen. Der Pflegeaufwand ist allerdings nicht zu unterschätzen: Zweimal jährlich muss geschnitten werden, und die Bindungen sollten regelmäßig kontrolliert werden, damit sie nicht einwachsen.

Dachformen

Bei Dachformen werden die Äste waagerecht an Stäben fixiert und gebunden und ergeben so eine Schirmform oder auch ein Dach aus Blättern – daher der Name. **Platanen, Linden** oder auch **Zier-Birnen** werden oft für diese Art der Gestaltung verwendet, um schattige Sitzplätze zu gestalten. Die Seitentriebe werden regelmäßig eingekürzt, damit sich eine dichte, flache Krone bildet. Das Ergebnis ist ein lebendiges Sonnensegel, das Jahr für Jahr dichter wird.

Dachbäume sind besonders in südlichen Ländern verbreitet, wo schattige Plätze im Sommer unverzichtbar sind. Auch bei uns sieht man sie zunehmend in öffentlichen Parks oder Gastronomiebetrieben.

Linden sind sehr schnittverträglich und lassen sich in Dach-, Kasten- oder Spalierform ziehen.

MEIN #LIEBLINGSKLEINERBAUM: DACH-PLATANE

Platanen sind eher nicht für kleine Gärten geeignet, es sei denn, man zieht sie in Dachform und schneidet sie regelmäßig. Ein hilfreiches Gehölz, das spät austreibt und damit mir und den Frühblühern bis Juni viel Sonne schenkt und danach im heißen Sommer sein schützendes Dach ausbreitet.

— SVEN BECK @BEETWUNDERUNG.DE

URLAUBS-FEELING IM GARTEN

Wer einmal Urlaub in der Toskana, in Südfrankreich oder an der Adriaküste gemacht hat, kennt das Gefühl: Sonne, warme Steinmauern, der Duft von Lavendel und Rosmarin – und mittendrin schattenspendende Gehölze mit silbrigem Laub oder knorrigen Stämmen. Dieses mediterrane Flair lässt sich auch im eigenen Garten schaffen, und zwar nicht nur mit Kübelpflanzen, sondern durchaus auch mit ausgepflanzten Gehölzen.

Entscheidend ist die richtige Auswahl. Nicht jedes mediterrane Gehölz übersteht unsere Winter problemlos. Doch es gibt erstaunlich viele Arten, die – an geschützten Standorten und mit etwas Winterschutz – auch bei uns dauerhaft gedeihen. Der Trick liegt darin, Gehölze zu wählen, die nicht nur optisch mediterran wirken, sondern auch mit unseren klimatischen Bedingungen zurechtkommen.

Was macht den mediterranen Look aus?

Typisch für mediterrane Gärten sind Gehölze mit silbrigem oder graugrünem Laub, die an heiße, trockene Sommer angepasst sind. Auch knorrige, mehrstämmige Wuchsformen oder immergrüne Arten gehören dazu. Zypressen, Olivenbäume und Lorbeer prägen das Bild – doch es gibt Alternativen, die robuster sind und trotzdem südländisches Flair verbreiten.

Die **Weiden-Birne** (*Pyrus salicifolia*) beispielsweise hat schmale, silbrig schimmernde Blätter, die an Olivenbäume erinnern. Sie ist vollkommen winterhart und kommt mit trockenen Standorten gut zurecht. Auch die **Stein-Eiche** (*Quercus ilex*) ist eine Option: immergrün, robust und mit zunehmendem Alter sehr charaktervoll. In milden Regionen kann sie sogar ohne Winterschutz auskommen.

Standort und Pflege

Mediterrane Gehölze brauchen Sonne und durchlässigen Boden. Staunässe vertragen die wenigsten, daher sollte der Boden gut drainiert sein. An geschützten Standorten – zum Beispiel vor Südwänden oder in windgeschützten Innenhöfen – fühlen sich diese Pflanzen besonders wohl. Hier profitieren sie von der Wärmespeicherung der Mauern und sind gleichzeitig vor kalten Ostwinden geschützt.In den ersten Jahren kann ein leichter Winterschutz sinnvoll sein: Mulch um den Wurzelbereich oder ein Vlies um die Krone.

MEIN #LIEBLINGSKLEINERBAUM: OLIVENBAUM

Ich habe mich für Olivenbäume entschieden, weil ich das mediterrane Flair und die Stärke der Bäume liebe und weil sie doch eine kleine Divenhaftigkeit besitzen, quasi was Majestätisches. Vor allem ihre knorrigen, alten Stämme haben es mir angetan. Einer meiner Lieblingsplätze mit absolutem Italiengefühl ist direkt bei unserem alten Olivenbaum.

— TINA ULLMANN @TINAS_HOMEANDGARDEN

GEHÖLZE FÜR MEDITERRANES FLAIR

Name	Höhe (m)	Breite (m)	Blütezeit	Besonderheit
Olive *(Olea europaea)*	3–6	3–5	Mai–Juni	silbriges Laub, immergrün
Weiden-Birne *(Pyrus salicifolia)*	3–5	3–4	April–Mai	silbriges Laub, olivenähnlich
Stein-Eiche *(Quercus ilex)*	8–12	6–8	Mai	immergrün, robust
Echte Myrte *(Myrtus communis)*	2–3	1,5–2	Juni-August	duftende Blüten, immergrün
Lorbeer *(Laurus nobilis)*	3–5	2–3	April–Mai	immergrün, aromatisch
Granatapfel *(Punica granatum)*	3–5	2–3	Juni–August	orangerote Blüten, Früchte

Weiden-Birne

Lorbeer

Granatapfel

STAUDEN UND KRÄUTER FÜR DEN MEDITERRANEN LOOK

LAVENDEL

(LAVANDULA ANGUSTIFOLIA)

Eine der klassischen mediterranen Stauden, die 30 bis 60 cm hoch wird. Von Juni bis August erscheinen die duftenden violettblauen Blütenähren, die Bienen und Schmetterlinge anziehen. Bevorzugt sonnige, trockene Standorte und durchlässige, kalkhaltige Böden. Lavendel ist robust, trockenheitsverträglich und immergrün – perfekt für mediterrane Beete.

SALBEI

(SALVIA OFFICINALIS)

Ein aromatischer Halbstrauch, der 40 bis 60 cm hoch wird. Von Mai bis Juli zeigen sich violette Blütenkerzen, die stark duften. Das silbrig-grüne Laub ist das ganze Jahr über attraktiv. Bevorzugt sonnige, warme Standorte und magere, durchlässige Böden. Salbei ist robust, winterhart und verträgt Trockenheit sehr gut.

ROSMARIN

(ROSMARINUS OFFICINALIS)

Ein immergrüner Halbstrauch, der 60 bis 120 cm hoch werden kann. Von März bis Mai erscheinen die kleinen blauen Blüten. Die nadelartigen Blätter duften intensiv aromatisch. Bevorzugt vollsonnige, geschützte Standorte und durchlässige Böden. In rauen Lagen braucht Rosmarin Winterschutz.

THYMIAN
(THYMUS VULGARIS)

Eine niedrige, polsterbildende Staude, die nur 10 bis 30 cm hoch wird. Von Mai bis Juli erscheinen die kleinen rosa bis violetten Blüten. Das feine Laub duftet würzig und ist immergrün. Bevorzugt sonnige, trockene Standorte und magere, steinige Böden. Thymian ist extrem trockenheitsverträglich und winterhart.

CURRYKRAUT
(HELICHRYSUM ITALICUM)

Eine silberlaubige Staude, die 30 bis 50 cm hoch wird. Von Juni bis August erscheinen die kleinen gelben Blüten. Das Laub duftet intensiv nach Curry – daher der Name.

HEILIGENKRAUT
(SANTOLINA CHAMAECYPARISSUS)

Ein kompakter Halbstrauch mit silbrig-grauem Laub, der 30 bis 50 cm hoch wird. Von Juni bis August erscheinen die kleinen gelben Knopfblüten. Bevorzugt sonnige, trockene Standorte und durchlässige Böden. Heiligenkraut ist winterhart und eignet sich gut als Beeteinfassung.

YSOP
(HYSSOPUS OFFICINALIS)

Eine aufrechte Staude, die 40 bis 60 cm hoch wird. Von Juli bis September erscheinen die violettblauen Blütenkerzen, die stark von Bienen besucht werden. Das schmale Laub duftet würzig. Bevorzugt sonnige, warme Standorte und durchlässige, kalkhaltige Böden. Ysop ist robust, winterhart und sehr trockenheitsverträglich.

Sonjas Schirmbambus (*Fargesia nitida* 'Jiuzhaigou 1') bildet den perfekten Hintergrudn für Funkien, Storchschnäbel und das Hakone-Waldgras.

Gehölze für den Beethintergrund

Ein schönes Staudenbeet am Rand des Grundstücks wirkt umso mehr, wenn es einen passenden Hintergrund hat. Doch was lässt sich dort am besten pflanzen, ohne die Stauden zu sehr zu beeinträchtigen und zu viel Platz in Anspruch zu nehmen? Und wusstest du, dass du mit geschickter Pflanzung harte Grenzen wie Zäune oder Mauern einfach verschwinden lassen kannst? Wenn man in Grün schaut, verschwimmen diese Grenzen optisch und lassen deinen Garten wesentlich größer wirken. Eine geschickte Staffelung innerhalb des Beets verstärkt die Wirkung noch.

Wichtig ist hier eine gewisse Höhe, aber es sollte natürlich nicht zu viel vom Beet eingenommen werden. Gute Gehölze für diese Bereiche sind kompakte Sträucher oder kleine Bäume mit säulenartigem Wuchs. Auch **Bambus** eignet sich gut für einen solchen Bereich – hier dringend auf *Fargesia*-Sorten achten. (Mehr zum Thema Bambus auf Seite 56.)

Schöne Hintergründe mit sehr langer Blüte bildet zum Beispiel der **Roseneibisch** (*Hibiscus*). Hier hat man für jeden Farbgeschmack eine Auswahl. Wem das zu exotisch ist, greift zur **Kurilen-Kirsche** (*Prunus nipponica* var. *kurilensis*), die kompakt wächst, wunderschön üppig blüht und im Herbst noch mit einer bunten Herbstfärbung glänzt. **Säulen-Felsenbirne** (*Amelanchier alnifolia* 'Obelisk') und **Säulen-Kirsche** (*Prunus serrulata* 'Amanogawa') eignen sich sehr gut für diese Bereiche. **Schneeball-Blasenspieren** (*Physocarpus opulifolius*) bringen je nach Sorte noch

Der Roseneibisch wächst, wenn er wenig oder nur behutsam geschnitten wird, zu einem lockeren Strauch heran.

Die Blasenspiere ist ein Insektenmagnet. Es gibt sie mit grünen, gelblichen oder wie bei 'Diabolo' mit rötlichem Laub.

mal einen tollen Farbakzent ins Beet. Sie bleiben relativ kompakt und können auch mit Schnitt in Form gebracht werden. Eine weniger ausladende Sorte ist zum Beispiel 'Amber Jubilee'.

Wintergrünen Sichtschutz kann man mit einzelnen Bambus-Pflanzungen oder immergrünen Gehölzen wie der **Portugiesischen Lorbeer-Kirsche** oder **Liguster** erreichen, die man zwischen die Sträucher platziert. So wird der Beethintergrund auch im Winter nicht zu langweilig. Eine etwas ausgefallenere, dazu noch immergrüne Alternative ist der **Himmelsbambus** (*Nandina domestica*). Hierbei handelt es sich nicht – auch wenn der Name es vermuten lässt – um einen Bambus, sondern um einen schönen Kleinstrauch mit weißer Blüte und im Winter mit schmückenden knallroten Beeren. Auch das immergrüne Laub wechselt im Laufe der Saison seine Farbe.

MEIN #LIEBLINGSKLEINERBAUM: BLUMEN-HARTRIEGEL

Einer meiner liebsten Bäume in unserem Garten ist *Cornus kousa* 'Milky Way'. Er eignet sich hervorragend als Solitärbepflanzung und lässt sich im Beet vielfältig unterpflanzen. Wir mögen seinen tollen Austrieb im Frühling, die üppigen Blüten im Mai und Juni, die leuchtend roten Früchte im Sommer, seine interessante Herbstfärbung und die sehr attraktive Wuchsform im Winter. Für mich ist dieser *Cornus kousa* ein Baum für das gesamte Jahr.

— *ANDRÉ WINKLER @GARTENLOVERS*

DEINE
INDIVIDUELLE
WAHL

KAUF
PFLANZUNG
PFLEGE

#4 AB IN DEN GARTEN

SO GEHT NICHTS SCHIEF

Auf was musst du beim Kauf eines Gehölzes achten? Wie kannst du gute Qualität erkennen und welches ist die beste Größe beim Kauf? Ist das Wunschgehölz erst mal zu Hause, geht es an die Pflanzung – doch was solltest du dabei beachten? Wir zeigen dir, wie du deinem Baum oder Strauch in deinem Garten den bestmöglichen Start gibst, damit du lange Freude daran hast.

Online, Baumschule oder Gartencenter?

Wie kommst du nun zum Wunschbaum? Der gängige Weg ist, sich erst mal zu informieren, was es wo gibt, und das machen die meisten im Internet. Man klappert Websites ab und sucht nach guten Angeboten oder Baumschulen in der Nähe. Nicht selten führt das zu Impulskäufen, weil man gerade einen superschönen Baum vor sich auf dem Bildschirm sieht und der Preis einfach zu verlockend ist. Ab in den Warenkorb und schon ist der Baum bestellt. Beim Onlinekauf sehe ich aber leider nicht, was mir genau geliefert wird. Da muss ich nehmen, was ich kriege und kann mir nicht ein bestimmtes Exemplar aussuchen. Aber auch in einer Baumschule ist man vor Fehlkäufen nicht sicher, und es lohnt sich, viele Fragen zu stellen und sich das Wunschgehölz genau anzuschauen!

Sonjas Erfahrung: Ich bin so eine Onlinetante und bestelle wirklich viel im Netz. Oft sind es Impulskäufe, weil mir gerade was irre gut gefallen hat. Bei der Suche nach dem perfekten Baum war das Internet für mich vor allem eine Quelle der Information. Ich habe tagelang durch Onlinebaumschulen geschmökert und einzelne Gehölze studiert. Ich hätte nie gedacht, dass ich mal eine solche Liebe für Bäume entwickeln könnte. Mein Vorgehen war immer folgendermaßen: Erst tagelang recherchieren und wenn ich dann einen Baum auserkoren hatte, besuchte ich die umliegenden Baumschulen und schaute mir die Exemplare vor Ort an. Viel gebracht hat es in

TIPP

Zum Saisonende im späten Herbst werden in Gartencentern die Lager und Verkaufsflächen geräumt. Viele Gehölze werden dann extrem reduziert angeboten. Hier lassen sich wirklich gute Schnäppchen machen. Ich kann da an keinem Japanischen Ahorn vorbeigehen …

meinem Fall nicht, denn ich fand immer irgendwann den Haken, der den Baum für mich zum No-Go machte. Irgendwann hatte ich die Schnauze voll und habe einfach einen irre teuren Japanischen Ahorn in einer Baumschule gekauft, ohne überhaupt zu wissen, auf was ich beim Kauf achten muss. Der Baum wurde geliefert, wir haben ihn vorschriftsmäßig gepflanzt und nach drei bis vier Monaten festgestellt, dass er den bei Japanischen Ahornen leider weitverbreiteten Welkepilz (*Verticillium*-Welke) hat. Hätte ich vorher gewusst, auf was ich achten muss, hätte ich schon beim Kauf gesehen, dass mit dem Baum was nicht stimmt. Der Kauf in der Baumschule war zu diesem Zeitpunkt also erst mal ein Reinfall.

Beim nächsten Baum versuchte ich es online. Mein Gedankengang als Sparfuchs: Das wird bestimmt billiger! Eine Japanische Zier-Kirsche sollte es sein. Ich mach's kurz: Mir wurde zweimal der falsche Baum geliefert. Ich habe natürlich auch zweimal den falschen Baum gepflanzt und zweimal den falschen Baum wieder ausgegraben und wieder abholen lassen. Am Ende stand der richtige da, aber der Weg dahin war eher so semigut … Damit war ich, was den Online-Kauf von Bäumen angeht, jedenfalls kuriert. Und wirklich billiger war es dann auch nicht.

Gartencenter und Baumschulen bieten eine große Auswahl an Arten und Sorten. Da bleibt kein Wunsch unerfüllt.

Regional statt Online

Was ist nun ratsam? Nun, beides – der Onlinekauf und der Kauf in der Baumschule – hat seine Vor- und Nachteile. Onlineshops greifen letztendlich nur auf das Angebot einer oder mehrerer Baumschulen zu. Oft hat man hier eine größere Auswahl, gerade wenn der Shop mit mehreren Baumschulen zusammenarbeitet.

Man kann sich in aller Ruhe informieren und das Angebot vor allem auch filtern und auf die eigenen Ansprüche zuspitzen. Einige Onlineshops bieten Fotos der Bäume an, die geliefert werden. Gerade bei größeren Exemplaren ist das durchaus sinnvoll. Hast du dich also auf ein seltenes Exemplar eingeschossen, das du in deinen lokalen Baumschulen nicht findest, dann ist die Onlinebaumschule auf jeden Fall eine gute Option.

Der Kauf in einer lokalen Baumschule hat dennoch seine Vorzüge. Die Baumschulen sind meistens gar nicht mal so teuer, wie man immer denkt. Auch hier bekommt man gute Preise und eine fachgerechte Lieferung und – das finde ich ganz wichtig – oft auch eine fachgerechte Pflanzung des Baums. Du kannst dir vor allem den Baum vor Ort anschauen und aussuchen, denn es gibt viele verschiedene Wuchsformen und Größen. Du willst eine Felsenbirne? Wie viele Stämme solle sie haben und muss sie schon direkt so riesig sein? Vielleicht reicht auch eine etwas kleinere, günstigere? Genau das sind Entscheidungen, zu denen du dir vor Ort ein Bild machen kannst.

Auch die meisten Gartencenter haben ein gutes Sortiment an Gehölzen in jeder Preisklasse. Hier packt man sich gerne schnell was in den Einkaufswagen – das ist auch absolut okay, da man gerade im Gartencenter gute Schnäppchen machen kann.

Darauf solltest du beim Kauf achten

Schau dir den Baum vor dem Kauf genau an. Nicht immer fallen Krankheiten gleich auf, und auch auf Schäden bei einer Lieferung solltest du den Baum kontrollieren.

- Wie sieht die **Rinde** aus? Wunden können auf einen Transportschaden hindeuten. Ist die Rinde an manchen Stellen geplatzt oder liegt das Innere komplett offen, können dies Anzeichen einer Krankheit sein.
- Schau dir die **Äste** genau an. Sind welche beim Transport abgebrochen? Bei großen Ästen solltest du auf jeden Fall reklamieren. Kleinere kannst du einfach rausschneiden. Gibt es welke oder gar kahle Äste im Baum, kann das krankheitsbedingt sein.
- Schau auf **Schnittstellen** – wurden in der Vergangenheit bereits viele Äste aus dem Baum geschnitten? Da wäre ich vorsichtig und würde – vor allem bei Ahornen – lieber ein anderes Exemplar aussuchen.

MEIN #LIEBLINGSKLEINERBAUM: KUPFER-FELSENBIRNE

Vor sieben Jahren haben wir unsere Kupfer-Felsenbirne (*Amelanchier lamarckii*) in einer lokalen Baumschule gekauft. Etwa 2 m hoch war der Busch, und wir haben uns sehr über die erste Blüte gefreut. Direkt nach der Blüte wird hier immer aufgeastet, sodass nach und nach ein mehrstämmiger Baum mit Schirmform entsteht. Mittlerweile ist sie ca. 5 bis 6 m hoch. Im Sommer liegen wir unter dem Blätterdach. Nach Flecken auf der Terrasse wegen der Früchte wird oft gefragt. Diese werden aber meist sofort von Vögeln aus dem Baum gefressen, daher gibt es keine Probleme mit Früchten, die aufs Holz fallen.
Die Kupfer-Felsenbirne bekommt im Oktober eine tolle Herbstfärbung in Rotorange. Leider fallen die Blätter dann doch schnell zu Boden – länger als eine Woche habe ich hier noch keine Herbstfärbung erleben dürfen. Ich liebe die Felsenbirne und kann sie nur weiterempfehlen, denn sie hat zu jeder Jahreszeit ihren Charme.

— MARIA THESING @FRISCHE_LUFT_UND_LIEBE

Bäume und Sträucher, die in Containern angezogen wurden, haben oft Ringwurzeln, die vor der Pflanzung gelöst werden müssen.

RINGWURZELN

Das sind Wurzeln, die im Topf oder Container kreisförmig an der Topfwand entlanggewachsen sind, anstatt sich nach außen und in die Tiefe auszubreiten. Sie entstehen, wenn ein Baum oder Strauch längere Zeit in einem zu kleinen Container steht und die Wurzeln keinen Platz mehr finden, um normal weiterzuwachsen. Problematisch wird das nach dem Pflanzen: Die Wurzeln wachsen oft weiter im Kreis, statt in den umgebenden Boden vorzudringen. Im ungünstigen Fall können sich die Wurzeln später sogar selbst abschnüren. Das führt zu schlechtem Anwachsen, geringerer Standfestigkeit und einem insgesamt schwächeren Wachstum.

Ballen, Container oder wurzelnackt?

Bäume werden im Handel in unterschiedlichen Angebotsformen verkauft, die sich vor allem darin unterscheiden, wie die Wurzeln verpackt sind. Am häufigsten begegnen dir Ballenware, Containerware und wurzelnackte Bäume. Welche Form die richtige ist, hängt von der Pflanzzeit, der Größe deines Baums und vom Einsatzzweck im Garten ab.

- **Ballenbäume** werden mit einem festen Erdballen angeboten, der meist mit Jute und Drahtgeflecht gesichert ist. Die Wurzeln bleiben dabei weitgehend ungestört, was für eine hohe Anwuchssicherheit sorgt. Vor allem größere Bäume werden fast immer als Ballenware verkauft, da sie so stabiler sind und nach dem Pflanzen besser anwachsen. Der Nachteil liegt im Gewicht: Ballenbäume sind schwer, aufwendig zu transportieren und entsprechend teurer. Gepflanzt werden sie vor allem im Herbst oder im Frühjahr. **Folkos Tipp:** Ideal für größere Bäume und Großsträucher, da die Bäume schnell anwachsen und einen guten Start haben.
- **Containerbäume** werden in Töpfen oder Containern kultiviert und mitsamt dem durchwurzelten Substrat gepflanzt. Dadurch lassen sie sich sehr flexibel einsetzen und können – abgesehen von Frost- oder Hitzeperioden – nahezu das ganze Jahr über gepflanzt werden. Die Wurzeln bleiben vollständig erhalten, allerdings solltest du beim Pflanzen darauf achten, eventuell entstandene Ringwurzeln zu lösen. Nach der Pflanzung ist regelmäßiges Gießen besonders wichtig, da das Substrat im Container schneller austrocknet als gewachsener Boden. **Folkos Tipp:** Für kleinere Bäume und Hecken sind

Bei wurzelnackt gepflanzten Gehölzn wachsen die Wurzeln besonders leicht in die umgebende Erde.

Ab einer bestimmten Größe sind Bäume mit Ballen die beste Wahl. Die Plastikschnüre müssen vor dem Auffüllen weg.

Containerpflanzen okay. Da Containerbäume immer in einem künstlichen Substrat angezogen werden, wachsen sie oft nicht so gut an wie Ballenbäume oder wurzelnackte Gehölze. Außerdem kann man in den Ballen nicht hineinschauen und erkennt nicht, ob sich im Inneren Ringwurzeln befinden, die später Probleme machen können.

- **Wurzelnackte Bäume** werden ohne Erde an den Wurzeln angeboten. Sie sind leicht, gut zu transportieren und deutlich günstiger als Ballen- oder Containerware. Allerdings reagieren sie empfindlich auf Austrocknung und müssen sehr sorgfältig gepflanzt und angegossen werden. Diese Angebotsform ist nur in der vegetationsfreien Zeit verfügbar, also vom Spätherbst bis zum zeitigen Frühjahr. Besonders bei Heckenpflanzen und jungen Gehölzen ist wurzelnackte Ware dennoch eine bewährte und wirtschaftliche Wahl. **Folkos Tipp:** Für mich die erste Wahl, wenn du etwas mehr Zeit hast und der Baum nicht gleich groß sein soll. Je kleiner der Baum, desto besser wächst er an und kann sich an die Gegebenheiten vor Ort anpassen – und er kann am besten sein arttypisches Wurzelsystem ausbilden. So steht er definitiv standfester und trotzt Wind und Sturm viel besser.

TIPP

Schnell noch im Gartencenter den schön blühenden Rhodo, oder eine Magnolie mit dicken Knospen mitnehmen? Keine ganz so gute Idee. Der beste Pflanzzeitpunkt ist nicht dann, wenn eine Pflanze im Topf besonders schön aussieht oder gerade üppig blüht, sondern dann, wenn sie ihre Energie in die Wurzelbildung steckt. In dieser Phase kann sie sich nach dem Pflanzen schnell im Boden verankern, Wasser und Nährstoffe erschließen und stressfrei anwachsen. Wird dagegen in der Blüte oder bei starkem Blattwachstum gepflanzt, muss die Pflanze gleichzeitig versorgen und neu wurzeln – das kostet Kraft und erhöht das Risiko von Wachstumsstockungen oder Ausfällen. Wer zum richtigen Zeitpunkt pflanzt, macht es der Pflanze leicht und hat langfristig deutlich mehr Freude an ihr.

Wurzelnackte Pflanzen wie dieser Birnbaum müssen sofort in die Erde, damit die Wurzeln nicht austrocken.

Bäume sollten möglichst rasch gepflanzt werden; wenn das nicht geht, schlägst du sie vorübergehend in feuchte Erde oder Sand ein.

Der richtige Zeitpunkt

Die beste Pflanzzeit für Bäume liegt im Herbst oder im zeitigen Frühjahr. In dieser Phase ist der Boden noch warm oder erwärmt sich bereits wieder, während der Baum selbst ruht. So kann er neue Wurzeln bilden, bevor im Frühjahr das Wachstum einsetzt. Containerbäume sind zwar flexibler, wachsen aber ebenfalls besser an, wenn sie in den klassischen Pflanzzeiten gesetzt werden.

Thema Pflanzloch

Bevor du pflanzt, wird das Pflanzloch ausgehoben. Es sollte mindestens doppelt so breit wie der Wurzelballen sein und etwas tiefer als dieser. Die ausgehobene Erde musst du nicht entsorgen – im Gegenteil: Sie wird später wieder gebraucht.

Beim Thema Pflanzerde verbessern – ja oder nein - scheiden sich die Geister. Tatsächlich gibt es zwei Lager, die beide gute Argumente haben. Welche Methode sinnvoll ist, hängt weniger von einer »richtigen« Lehre ab als von Standort, Boden und Ziel der Pflanzung.

» ICH HABE GIPSKEUPER IM GARTEN – EINEN WIRKLICH SCHWEREN MINUTENBODEN, DER SICH NICHT ZERKRÜMELN LÄSST. DAMIT BEIM PFLANZEN KEINE HOHLRÄUME ENTSTEHEN, STREUE ICH SAND ODER EIN MINERALISCHES BAUMSUBSTRAT IN DIE LÜCKEN, DAMIT DIE WURZELN DURCHSTARTEN KÖNNEN. «

— EUER FOLKO

Die Pflanzung

Wenn ein neuer Baum im Garten ankommt, beginnt alles ganz entspannt. Zuerst heißt es: auspacken und kontrollieren. Entferne vorsichtig Verpackungsmaterial, Töpfe oder Schutzfolien und schau dir den Wurzelballen oder die Wurzeln in Ruhe an. Ist der Baum nicht sofort pflanzbereit, kannst du ihn kurzfristig zwischenlagern. Stelle Container- oder Ballenware an einen schattigen, windgeschützten Platz und halte den Wurzelbereich feucht. Wurzelnackte

Die einen setzen Bäume bewusst mager. Sie pflanzen den Baum in den vorhandenen Gartenboden, ohne das Pflanzloch groß aufzubessern. Der Vorteil: Die Wurzeln haben keinen Anlass, sich im gut versorgten Pflanzloch »einzurichten«, sondern wachsen zügig in den umgebenden Boden hinein. Das fördert eine stabile Verankerung und eine gleichmäßige Erschließung des umgebenden Bodens zur Versorgung mit Wasser und Nährstoffen. Gerade bei normalen, nicht extrem schlechten Böden ist diese Methode sehr zuverlässig. Ein Nachteil kann sie sein, wenn der Boden stark verdichtet, sehr sandig oder extrem nährstoffarm ist – dann fehlt dem Baum anfangs schlicht die Grundlage für gutes Anwachsen.

Das andere Lager peppt das Pflanzloch gezielt auf. Hier wird der Aushub mit Kompost, organischem Dünger oder – je nach Boden – auch mit Algenkalk verbessert. Der Vorteil liegt in einem kräftigen Start: Der Baum findet lockeren, nährstoffreichen Boden vor und kann schnell neue Feinwurzeln bilden. Besonders bei sehr schlechten, ausgelaugten oder schweren Böden kann das sinnvoll sein. Der Nachteil: Wird zu stark gedüngt oder wenn sich die Erde im Pflanzloch deutlich vom umgebenden Boden abgegrenzt, bleiben die Wurzeln oft lange in dieser »Komfortzone«. Das kann zu schlechter Standfestigkeit und einer höheren Anfälligkeit für Trockenheit führen, sobald der Baum über das Pflanzloch hinauswachsen soll.

In der Praxis hat sich ein Mittelweg bewährt. Der Boden wird strukturell verbessert – also gelockert und bei Bedarf mit etwas reifem Kompost angereichert. Auf keinen Fall stark wirkende Dünger geben. Kalk wird nur eingesetzt, wenn der Boden tatsächlich zu sauer ist. So bekommt der Baum gute Startbedingungen, ohne dass die Wurzelentwicklung in die Fläche ausgebremst wird.

Kurz gesagt: Nicht das »Aufpäppeln« macht einen Baum dauerhaft stark, sondern ein Boden, in dem er sich Schritt für Schritt selbst erschließen kann.

Der Grund des Pflanzlochs sollte mit dem Spaten oder einer Grabegabel immer aufgelockert werden, damit die neuen Wurzeln gut einwachsen.

Nicht zu tief pflanzen

Setze den Baum so ins Pflanzloch, dass er genauso tief steht wie zuvor in der Baumschule. Die Oberkante des Ballens sollte mit der Erdoberfläche abschließen. Wenn der Baum zu tief steht, wird er am Stammfuß zwangsläufig faulen und beim nächsten Sturm umkippen. Das liegt daran, das sich die Rinde vom Stamm von der Rinde der Wurzeln deutlich unterscheidet. Die Stammrinde schützt vor Sonne, Kälte und Austrocknung, die Wurzelrinde hält zu viel Feuchtigkeit und bodenlebende Schadpilze fern. Wenn die Stammrinde unter die Erdoberfläche kommt, dann kann sie den Angriffen von Bodenpilzen und -baktieren kaum etwas entgegensetzen. Das ist auch der Grund, warum viele Containerbäume nicht so gut anwachsen – sie werden schon in der Baumschule zu tief in den Topf gesetzt, um dann auch später an ihrem neuen Standort zu tief in den Boden zu kommen.

Der Baum darf im Pflanzloch nicht tiefer stehen als vorher oder im Topf. Lieber ein bisschen höher pflanzen als zu tief.

Keine Hohlräume

Fülle das Loch mit der vorbereiteten Erde wieder auf und drücke sie vorsichtig fest, ohne den Boden zu stark zu verdichten. Das traditionelle »Antreten« führt eher zu Bodenverdichtungen und behindert das Anwachsen. Achte darauf, dass keine Hohlräume zwischen der Wand des Pflanzlochs und dem Ballen verbleiben. In ihnen können sich Schimmelpilze bilden und außerdem können die neuen Faserwurzeln nicht durch den Luftraum wachsen.

Drahtballen weg oder nicht?

Auch beim Thema Drahtballen entfernen gibt es zwei Lager. Die einen lassen den Drahtballen dran. Ihr Argument: Der Draht hält den Ballen stabil, schützt ihn beim Pflanzen vor dem Auseinanderfallen und gibt dem Baum in der

Mit einem Spanngurt hat Sonja ihre Zier-Kirsche geradegerückt, als sie etwas schief wachsen wollte.

Anfangszeit Halt. Außerdem verrottet das Drahtgeflecht (angeblich) im Boden mit der Zeit, sodass die Wurzeln später ungehindert wachsen können. Gerade bei großen, schweren Bäumen ist das ein nicht zu unterschätzender Vorteil – niemand möchte, dass der Ballen beim Einsetzen zerbricht.

Das andere Lager – zu dem auch Folko gehört – plädiert dafür, den Draht vollständig zu entfernen. Die Sorge dahinter: Der Draht behindert das Wurzelwachstum oder führt im schlimmsten Fall später zu Einschnürungen. Wenn der Drahtballen am Stamm nach dem Platzieren im Pflanzloch aufgeschnitten wird, rutschen die Maschen oft nach unten und bilden ein enges Geflecht, das so dicht sein kann, dass keine neue Wurzel da durchwachsen will.

In der Praxis muss man aber ab und zu Kompromisse eingehen. Der Baum wird mitsamt Drahtballen ins Pflanzloch gesetzt, sodass der Ballen stabil bleibt. Erst dann schneidest du den Draht oben großzügig auf und entfernst ihn zumindest im oberen Bereich vollständig. Jute oder Ballentuch kannst du ebenfalls öffnen oder zurückschlagen. So haben die Wurzeln nach oben und zur Seite freie Bahn, während der Ballen beim Pflanzen seine Form beibehält.

Anbinden

Größere Bäume brauchen in den ersten Jahren Halt. Fixiere sie mit einem oder zwei Pfählen, die außerhalb des Wurzelballens eingeschlagen werden. Die Bindung sollte stabil, aber flexibel sein, damit sich der Stamm leicht bewegen kann – das fördert die Standfestigkeit. Nur wenn sich die Krone im Wind leicht bewegen kann, werden die Kräfte nach unten zu den Wurzeln übertragen, die sich dann entsprechend fest im Boden verankern.

Ohne Wasser geht es nicht

Zum Schluss wird gründlich angegossen. Dabei geht es nicht um ein kurzes Wässern, sondern darum, den Boden vollständig zu durchfeuchten und Hohlräume zu schließen. Eine kleine Gießmulde rund um den Stamm und ein Gießrand um den Ballen helfen, das Wasser genau dorthin zu bringen, wo es gebraucht wird. In den folgenden Wochen ist regelmäßiges Wässern besonders wichtig – nur so kann der Baum gut anwachsen.

» ICH HABE IN EINER GÄRTNERISCHEN VERSUCHSANSTALT MAL DEN WURZELBALLEN EINER ROBINIE GESEHEN, IN DEM SAGE UND SCHREIBE SIEBEN DRAHTKÖRBE STECKTEN, DIE NICHT VEROTTET WAREN. SEITDEM VERSUCHE ICH BEIM PFLANZEN IMMER, SO VIEL DRAHT WIE MÖGLICH ZU ENTFERNEN. «
— EUER FOLKO

PFLANZUNG STEP-BY-STEP

1. PFLANZLOCH AUSHEBEN

Das Pflanzloch sollte mindestens doppelt so breit und etwa 1,5-mal so tief sein wie der Wurzelballen. Ein großzügiges Loch erleichtert den Wurzeln das Einwachsen in den umgebenden Boden. Der Aushub sollte zur Seite gelegt werden – er wird später wieder benötigt.

Checkliste Pflanzung

- Baum – klar ;-)
- Spaten
- Grabegabel
- Plane
- Pflock
- Beil oder Gummihammer
- Kokosstrick
- Gartenschere
- Gießkanne oder Schlauch

2. EINSETZEN

Den Baum vorsichtig aus dem Topf oder der Ballierung nehmen und mittig ins Pflanzloch setzen. Die Oberkante des Wurzelballens sollte auf Bodenniveau liegen – nicht zu tief, sonst fault der Stamm, aber auch nicht zu hoch, sonst trocknen die Wurzeln aus. Bei Bedarf die Tiefe mit etwas Erde anpassen.

3. PFLOCK EINSCHLAGEN

Den Pflock schräg oder senkrecht etwa 10 bis 15 cm vom Stamm entfernt ins Pflanzloch schlagen, nicht durch den Ballen. Und das noch bevor das Loch komplett verfüllt wird. Der Pflock sollte stabil im Boden sitzen und bis knapp unter die Krone reichen. Er verhindert, dass der Baum bei Wind hin- und herschaukelt und gibt ihm Halt, bis die Wurzeln fest verankert sind.

4. ERDE AUFFÜLLEN UND DÜNGEN

Das Pflanzloch mit dem Aushub auffüllen und die Erde dabei leicht andrücken, damit keine Hohlräume entstehen. Bei schweren Böden kann Sand eingearbeitet werden, um die Durchlässigkeit zu verbessern. Die Erde sollte den Wurzelballen vollständig bedecken, aber nicht über die ursprüngliche Pflanztiefe hinausgehen. Ein paar Hornspäne als Startdüngung schaden nie.

5. ANBINDEN

Den Baum mit einem speziellen Baumbinder (Kokosstrick oder Gummiband) locker am Pflock befestigen. Die Bindung sollte eine Achterschlaufe bilden, damit der Stamm nicht direkt am Pflock scheuert.

6. GIESSRAND

Rund um den Baum einen kleinen Wall aus Erde formen – dieser Gießrand verhindert, dass das Wasser beim Angießen seitlich wegläuft. Der Wall sollte etwa 10 bis 15 cm hoch sein und den gesamten Wurzelbereich umschließen. So gelangt das Wasser direkt zu den Wurzeln.

7. ANGIESSEN

Den Baum gründlich wässern – mindestens 20 bis 30 Liter Wasser, auch wenn der Boden feucht ist. Das Angießen verschlämmt Hohlräume zwischen Wurzeln und Erde und sorgt für guten Bodenkontakt. In den ersten zwei Jahren nach der Pflanzung regelmäßig gießen, bis der Baum gut angewachsen ist.

Erst mit der richtigen Unterpflanzung aus Stauden und kleinen Sträuchern fügen sich Bäume richtig in den Garten ein.

Die Unterpflanzung

Nicht jeder möchte einfach nur eine Rasenfläche in seinem Garten haben. Mit Stauden und Gräsern bepflanzte Beete bringen Struktur in den Garten. Bäume zu unterpflanzen klingt erst mal schwer, aber mit den richtigen Pflanzen klappt das ganz einfach. Man geht gerne von einem vollschattigen Standort unter Bäumen aus, doch oft kommt hier trotzdem noch sehr viel Licht an, denn die Sonne steht ja nicht den ganzen Tag gerade über dem Baum. Und selbst dann kommen durch die meisten Kronen immer noch ein paar Sonnenstrahlen. Früher waren die Klassiker für den Schatten **Efeu** und **Immergrün**, und auf alten Grundstücken sind sie auch heute noch weitverbreitet. Denn einmal drin, kriegt man Efeu und auch Immergrün nur sehr schwer wieder los. Es gibt jedoch viele Alternativen, die den Boden schön bedecken können und wesentlich einfacher in der Pflege sind. Wer gezielt pflanzt, schafft nicht nur optisch ansprechende Flächen, sondern auch ökologisch wertvolle Bereiche, die Insekten und Kleintieren Lebensraum bieten.

Die ausschlaggebenden Faktoren beim Pflanzen direkt um den Stamm sind Trockenheit und Wurzeldruck. Eine dichte Krone, zum Beispiel bei einem Kugel-Ahorn, hindert Niederschläge daran, am Boden anzukommen. Bodennahe Wurzeln bilden ein dichtes Geflecht und machen es schwer, Pflanzlöcher zu graben. Daher solltest du bei der Unterpflanzung zu Pflanzen greifen, die dem standhalten und nicht ständig mit dem Gehölz um Wasser und Nährstoffe konkurrieren müssen.

Hier kommt auch wieder die Wurzelform des zu unterpflanzenden Gehölzes ins Spiel. Pfahl- und Herzwurzler lassen sich relativ leicht unterpflanzen, während es bei Flachwurzlern mit ihrem dichten, oberflächennahen Wurzelgeflecht naturgemäß schwieriger ist. In allen Fällen hilft es, den Boden gut vorzubereiten. Eine dünne nährstoffreiche Kompostschicht bildet eine gute Grundlage für das Pflanzen von Stauden. Bei Flachwurzlern kannst du auch mit einer etwas höheren Schicht Pflanzerde arbeiten. Diese sollte aber auf keinen Fall 10 bis 15 cm überschreiten, denn höhere Erdaufschüttungen schaden dem Gehölz. Bei Flachwurzlern solltest du außerdem auf Ausläufer bildende, trockenheitsresistente Stauden setzen. Diese brauchen meist wenig Wasser und kommen mit einer geringen Pflanztiefe gut zurecht.

Das kannst du unter Gehölze pflanzen

Bei einer Neupflanzung sollte auf jeden Fall zuerst der Baum gesetzt und erst später die Unterpflanzung angegangen werden, wobei man sich da ein paar Jahre Zeit lassen sollte. Denn die Gehölze müssen sich zunächst gut im Boden verankern und genügend Wurzeln für eine ausreichende Wasser- und Nährstoffversorgung ausbilden, bevor konkurrierende Pflanzen hinzukommen.

Bei älteren Gehölzen ist die Auswahl abhängig vom Gehölz selbst und den eigenen Vorlieben. Da diese Bereiche nicht einfach zu bepflanzen sind, ist es ratsam, auf wüchsige deckende Stauden zu setzen. Robuste Bodendecker wie Storchschnabel oder Elfenblume haben sich hier bewährt. Ansonsten heißt es: Ausprobieren, was funktioniert.

Der Felsen-Storchschnabel ist ein fast unverwüstlicher Bodendecker, der auch im trockenen Schatten noch gut wächst.

TIPP

Sonja hat sehr gute Erfahrungen mit Bodendeckern unter Bäumen gemacht – vor allem an sehr trockenen Standorten. Cambridge- und Felsen-Storchschnabel, Elfenblume und Chinesischer Bleiwurz bilden dichte Blattdecken mit schöner Blüte und kommen mit den kompliziertesten Standorten klar. Neben den Bodendeckern kann ich auch Wild- und Wald-Astern unter Gehölzen pflanzen. Die neigen zwar zum Wuchern, aber an so komplizierten Standorten haben selbst sie es schwer und können sich daher nicht zu sehr ausbreiten. Sie wachsen und vor allem blühen hier wirklich schön. Einfach ausprobieren und schauen, was am besten funktioniert.

BODENDECKER FÜR DEN GEHÖLZRAND

CHINESISCHER BLEIWURZ (CERATOSTIGMA PLUMBAGINOIDES)

Robuste, flachwüchsige Staude mit azurblauen Blüten, ideal als Bodendecker für sonnige bis halbschattige Standorte. Die frischgrünen Blätter färben sich im Herbst leuchtend rot. Bevorzugt durchlässige, nährstoffarme Böden und ist winterhart, benötigt im ersten Jahr jedoch leichten Winterschutz (Tipp: Heruntergefallenes Laub einfach liegen lassen!).

Höhe: 10–40 cm | Blüte: August–Oktober

KRIECHENDER GÜNSEL (AJUGA REPTANS)

Bodendeckende, anspruchslose Staude für schattige bis halbschattige Standorte. Das Laub ist meist immergrün, bei Sorten wie 'Atropurpurea' bronzefarben. Die Blütenstände erstrahlen in einem schönen Blau bis Violett. Gut für Unterpflanzungen und trockene Böden geeignet.

Höhe: 10–20 cm | Blüte: Mai–Juni

ELFENBLUME (EPIMEDIUM-ARTEN)

Bodendeckende Staude mit filigranen, elfenhaften Blüten in Weiß, Gelb, Rosa oder Violett für schattige bis halbschattige Standorte. Das zarte, oft immergrüne Laub ist herzförmig und kann im Frühjahr bronzefarben oder rötlich gefärbt sein (zum Beispiel 'Rubrum'). Bevorzugt humose, durchlässige Böden und ist trockenheitsverträglich. Ideal für Unterpflanzungen.

Höhe: 20–40 cm | Blüte: April–Mai

CAMBRIDGE-STORCHSCHNABEL
(GERANIUM × CANTABRIGIENSE)

Extrem anspruchslose Staude, die so gut wie überall wächst. Das Laub ist wintergrün und färbt sich an sonnigen Standorten im Herbst rötlich. Die Blüten sind pink (zum Beispiel 'Karmina') oder weiß (zum Beispiel 'Biokovo'). Ideal als Bodendecker für Sonne bis Halbschatten, robust und unkrautunterdrückend.

Höhe: 15–25 cm | Blüte: Juni–Juli

FELSEN-STORCHSCHNABEL
(GERANIUM MACRORRHIZUM)

Vielseitige, wintergrüne Staude, die als Bodendecker in Sonne bis Schatten gedeiht. Die aromatisch duftenden Blätter färben sich im Herbst rötlich. Blüten in Rosa, Weiß oder Purpur (zum Beispiel 'Spessart'). Robust und unkrautunterdrückend, ideal für Unterpflanzungen.

Höhe: 20–40 cm | Blüte: Mai–Juni

ROSENWALDMEISTER
(PHUOPSIS STYLOSA)

Duftende, bodendeckende Staude für sonnige bis halbschattige Standorte. Die schmalen, grünen Blätter bilden dichte Teppiche. Die kugeligen Blütenstände sind rosaviolett gefärbt. Bevorzugt durchlässige Böden und ist trockenheitsverträglich. Ein absoluter Schmetterlingsmagnet!

Höhe: 15–20 cm | Blüte: Juni–August

STAUDEN FÜR DEN GEHÖLZRAND

WILD-ASTER
(ASTER TRINERVIUS SSP. AGERATOIDES)

Naturnahe Staude mit sternförmigen Blüten in Weiß, Blau oder Violett (hier die Sorte 'Blaukuppel'). Die Wild-Aster gedeiht in Sonne bis Halbschatten und ist trockenheitsverträglich, allerdings teilweise auch sehr wüchsig (zum Beispiel 'Asran').

Höhe: 30–120 cm* | Blüte: August–Oktober

* je nach Sorte

WEISSE WALD-ASTER
(ASTER DIVARICATUS)

Anspruchslose Staude für schattige bis halbschattige Plätze, die mit filigranen, weißen Blüten in Sternform punktet. Das Laub ist herzförmig und sommergrün. Sie eignet sich gut für naturnahe Gärten und ist trockenheitsverträglich.

Höhe: 30–60 cm | Blüte: August–Oktober

BERGENIE (BERGENIA-ARTEN)

Robuste, immergrüne Staude für Sonne bis Schatten. Die großen, ledrigen Blätter färben sich im Winter oft rötlich. Glockenförmige Blüten in Rosa, Weiß oder Rot (zum Beispiel 'Bressingham Ruby'). Ideal für trockene Böden und Unterpflanzungen.

Höhe: 20–50 cm | Blüte: April–Mai

GROSSBLÄTTRIGES KAUKASUSVERGISSMEINNICHT (BRUNNERA MACROPHYLLA)

Schattenliebende Staude mit herzförmigen, oft panaschierten Blättern (zum Beispiel 'Jack Frost'). Die zarten, himmelblauen Blüten ähneln denen des Vergissmeinnichts. Bevorzugt frische, humose Böden und ist ideal für schattige Beete.

Höhe: 30–40 cm | Blüte: April–Mai

STAUDEN FÜR DEN GEHÖLZRAND

GLOCKENBLUMEN (CAMPANULA-ARTEN)

Vielseitige Stauden mit glocken- oder sternförmigen Blüten in Blau, Violett oder Weiß (zum Beispiel die Wald-Glockenblume Campanula latifolia). Sie gedeihen in Sonne bis Halbschatten, sind anspruchslos und bevorzugen durchlässige, frische Böden.

Höhe: 10–100 cm (je nach Art) | Blüte: Juni–August

HERBST-ANEMONE (ANEMONE HUPEHENSIS)

Sehr wüchsige Staude mit sehr langer Blütezeit, die Höhe und Leichtigkeit unter Gehölze bringt. Wer nicht genug davon bekommen kann, vermehrt sie einfach durch Teilung.

Höhe: 60 - 90 cm | Blüte: August - Oktober

WALD-STORCHSCHNABEL (GERANIUM SYLVATICUM)

Schattenverträgliche Staude mit sommergrünem Laub und hellvioletten Blüten. Sie ist anspruchslos und eignet sich für naturnahe Gärten oder Unterpflanzungen. Bevorzugt frische bis feuchte Böden.

Höhe: 30–60 cm | Blüte: Juni–Juli

FUNKIE
(HOSTA-ARTEN)

Schattenliebende Stauden mit dekorativen, oft panaschierten Blättern in Grün, Blaugrün oder Gelb. Zarte, glockenförmige Blüten in Weiß oder Violett. Bevorzugen feuchte, humose Böden und sind ideal für schattige Gärten. Ältere Pflanzen kommen aber auch gut mit Trockenheit zurecht.

Höhe: 20–80 cm | Blüte: Juli–August

BRAUNER STORCHSCHNABEL
(GERANIUM PHAEUM)

Robuste Staude für halbschattige bis schattige Standorte. Das sommergrüne Laub ist handförmig zerteilt. Seine Blüten sind violett-purpur bis bräunlich. Bevorzugt frische, humose Böden und ist ideal für Waldgärten.

Höhe: 30–70 cm | Blüte: Mai–September

HEUCHERA
(HEUCHERA-ARTEN)

Attraktive Staude mit dekorativem, meist immergrünem Laub in Farben von Grün über Rot bis Purpur (zum Beispiel 'Palace Purple'). Die zarten, glockenförmigen Blüten in Weiß, Rosa oder Rot stehen an schlanken Stielen. Bevorzugt halbschattige Standorte und durchlässige Böden.

Höhe: 20–50 cm | Blüte: Juni–August

MISCH-PFLANZ-UNGEN

MISCHPFLANZUNGEN FAKT #1 VIELFALT FÜR JEDEN STANDORT

Staudenmischungen sind abwechslungsreiche Kombinationen aus mehrjährigen Pflanzen, die viele Jahre am gleichen Standort bleiben können. Größere Bodenbearbeitung ist dabei kaum nötig – das Beet entwickelt sich weitgehend aus sich selbst heraus. Die vielen blühenden Stauden liefern reichlich Nektar und Pollen und sind damit eine wertvolle Nahrungsquelle für Insekten.

MISCHPFLANZUNGEN FAKT #2 GARANTIERT GEPRÜFT

Zum Glück musst du dir heute nicht mehr jede Staudenpflanzung mühsam selbst zusammenstellen. Staudenmischungen sind das Ergebnis jahrelanger Erfahrung und enger Zusammenarbeit: Erfahrene Pflanzenverwender haben sie in Arbeitskreisen des Bundes deutscher Staudengärtner gemeinsam entwickelt und erprobt. Dabei

sind durchdachte Pflanzenkombinationen entstanden, die du ohne weitere Planung direkt umsetzen kannst.
Ein eigener Pflanzplan ist nicht nötig – genauso wenig wie das mühsame Übertragen einzelner Pflanzenpositionen auf die Fläche. Gepflanzt wird ganz einfach »gemischt«: Die Stauden werden gleichmäßig über das Beet verteilt. So entstehen schon ab einer bestimmten Mindestfläche harmonische, lebendige Pflanzbilder, die auch ohne viel Erfahrung sicher gelingen.

MISCHPFLANZUNGEN FAKT #3 IMMER WAS ZU BIETEN

Die Staudenmischungen sind so aufgebaut, dass sie das ganze Jahr über etwas zu bieten haben – mal durch Blüten, mal durch schönes Laub oder durch ihre Struktur. Winterstehende Stauden sorgen dafür, dass die Pflanzung auch in der kalten Jahreszeit attraktiv bleibt. Zurückgeschnitten wird erst spät, am Ende des Winters, kurz bevor die Frühlingsblüher austreiben. Die ersten Farbakzente setzen Zwiebelpflanzen, danach übernehmen nach und nach die verschiedenen Blütenstauden. Stauden, die nach der Blüte eher unansehnlich werden – etwa Akelei, Mohn oder auch höhere Frühlingsblüher – sind so in die Mischung integriert, dass sie von ihren Nachbarn schnell überwachsen werden. So bleibt das Gesamtbild stimmig, ohne dass du ständig eingreifen musst.
Grundsätzlich sind Staudenmischungen dauerhafte Pflanzkonzepte. Gleichzeitig sind sie lebendig und verändern sich im Laufe der Jahre. Ein bisschen Pflege ist also schon nötig, damit Ordnung, Struktur und Vielfalt langfristig erhalten bleiben.

MISCHPFLANZUNGEN FAKT #2 WENIG PFLEGE NÖTIG

Staudenmischpflanzungen sind pflegearm und sehen oft schon im ersten Jahr richtig gut aus. Das liegt daran, dass schnell wachsende Arten von Anfang an für Fülle sorgen, während sich langsamere Stauden nach und nach entwickeln.

Alle Infos unter:
staudenmischungen.de

Wenn künstlich bewässert wird, ist ein Regner die beste Wahl. So wird der natürliche Niederschlag simuliert und die Wurzeln werden mit sauerstoffreichem Wasser, das von oben in die Erde sickert, mit Feuchtigkeit versorgt.

» VON AUTOMATISCHEN BEWÄSSERUNGS-SYSTEMEN WIE TROPF- ODER PERLSCHLÄU-CHEN HALTEN WIR NICHTS. BÄUME SIND DARAN ANGEPASST, IM SOMMER HITZE UND TROCKENHEIT AUSZU-HALTEN, BEVOR DER NÄCHSTE REGENGUSS DEN BODEN WIEDER DURCHFEUCHTET. EIN DAUERFEUCHTER BODEN IST UNNATÜR-LICH UND BEGÜNSTIGT PILZKRANKHEITEN. «
— SONJA UND FOLKO

Die Pflege

Sind Bäume und Sträucher erst einmal gut eingewachsen, halten sich die Pflegemaßnahmen in Grenzen. In der Regel reicht es, einmal im Jahr etwas Kompost als Dünger auszubringen und bei längerer Trockenheit zu gießen. Störende oder ungünstig stehende Äste und Zweige schneidest du je nach Gehölzart im zeitigen Frühjahr oder direkt nach der Blüte zurück. Auch abgestorbene oder kranke Äste sollten regelmäßig entfernt werden, damit der Baum vital bleibt und sich Krankheiten nicht ausbreiten können.

Richtig gießen

Das richtige Gießen ist bei Bäumen, Sträuchern und Hecken vor allem in den ersten Jahren entscheidend. Frisch gepflanzte Bäume haben noch kein tief reichendes Wurzelsystem und sind auf regelmäßige Wassergaben angewiesen, besonders wenn es im Sommer heiß und trocken ist. Als Faustregel gilt: Lieber seltener, dafür dann aber richtig gründlich. Das Wasser sollte **langsam versickern** und den Boden in der Tiefe durchfeuchten, damit die Wurzeln quasi gezwungen werden, tief nach unten zu wachsen und gar nicht in Versuchung kommen, es sich in den oberen Bodenschichten bequem einzurichten. **Wie viel Wasser** ist dafür nötig? Um den Boden 10 cm tief gleichmäßig zu durchfeuchten, brauchst du in der Regel etwa 10 Liter Wasser pro Quadratmeter – Sandböden etwas mehr, Lehmböden etwas weniger.

Auch eingewachsene Gehölze brauchen bei längeren Trockenperioden Unterstützung. Besonders an heißen Sommertagen lohnt es sich, früh morgens oder abends zu gießen, damit möglichst wenig Wasser verdunstet. Wichtig ist, nicht nur oberflächlich zu wässern – ein kurzer Spritzer reicht nicht aus. Besser ist es, den Wurzelbereich großzügig zu durchfeuchten. Für deinen Baum heißt das: Bei Sommerhitze alle zwei bis drei Wochen kräftig gießen (20 bis 30 Liter pro Quadratmeter). Und wenn die Blätter vorher schlappen, dann lieber zwischendurch noch mal eine ordentliche Wassergabe.

Folkos Tipp: Eine Mulchschicht unter Bäumen, Sträuchern und Hecken hilft, die Feuchtigkeit im Boden zu halten und den Gießaufwand zu reduzieren. Staunässe solltest du allerdings vermeiden, denn dauerhaft nasse Böden schaden den Wurzeln. Mit etwas Aufmerksamkeit und dem richtigen Maß an Wasser bleiben deine Bäume und Sträucher auch in trockenen Zeiten vital und widerstandsfähig.

Regenwasser ist ideal zum Gießen. Eine Regentonne oder ein Wasserbecken am Gartenhaus mit Anschluss an die Regenrinne lohnen sich also.

Düngen – da scheiden sich die Geister

Keine Frage, Bäume und Sträucher brauchen zum Wachsen Wasser, Licht – und Nährstoffe. Hauptsächlich sind das Stickstoff (N), Phosphor (P) und Kalium (K), dazu noch eine ganze Menge Mikronährstoffe wie Kalzium, Magnesium, Eisen, Kupfer und andere. Wenn man im Gartencenter durch die Regale mit Dünger

TIPP

Das herabgefallene Laub auf dem Rasen verteilen und mit dem Rasenmäher aufnehmen. Im Fangkorb landet dann eine Mischung aus Rasen und klein geschnittenem Laub, das sich prima im Garten als Mulchschicht verwenden lässt.

Kenne deinen Boden! Eine Röllchenprobe gibt Aufschluss darüber, ob du einen leichten oder schweren Boden hast.

und Bodenhilfsmittel geht, könnte man meinen, dass jeder Baum seinen eigenen Dünger braucht. Aber ist das wirklich immer nötig? In der Natur geht ja schließlich auch niemand ein- oder zweimal im Jahr mit dem Düngerstreuer durch den Wald.

Ein guter Gartenboden enthält in der Regel alle Nährstoffe, die der Baum (und andere Pflanzen) zum wachsen brauchen. Die meisten Gartenböden sind durch die viel zu üppige Düngung in den letzten Jahrzehnten und den Eintrag von Stickstoff aus der Luft so reichlich mit Dünger versorgt, dass sie eher zu viele Nährstoffe enthalten. Da ist es wichtiger, den Boden durch die Förderung der in ihm lebenden Mikroorganismen gesund zu halten, damit die Pflanzen die Nährstoffe auch aufnehmen können. Wenn du dir unsicher bist, ist eine Bodenprobe die beste Möglichkeit, herauszufinden, ob und wie gedüngt werden soll.

Folkos Tipp Für eine Bodenprobe stichst du mit einem Spaten oder einer Pflanzschaufel an mehreren Stellen der Fläche kleine Bodenstücke aus – ideal sind etwa 5 bis 10 Entnahmestellen. Die Probe sollte aus dem durchwurzelten Oberboden stammen, also meist aus den oberen 15 bis 20 cm. Gib alle Teilproben in einen Eimer, mische sie gut durch und entferne Steine, Wurzeln und grobe Pflanzenreste. Von dieser Mischung füllst du eine kleinere Menge in einen sauberen Beutel. Diese Sammelprobe ist eine gute Grundlage, um den Boden im Labor oder im Gartencenter untersuchen zu lassen.

TIPP

Plastikmulch wie Vliese und Folien haben im Garten nichts verloren und machen nach kurzer Zeit mehr Arbeit als das sie nützen.

Alleskönner Mulch

Mulchen ist eine einfache und wirkungsvolle Maßnahme, um deine Bäume, Sträucher und Hecken im Garten gesund zu halten. Eine schützende Abdeckung der Bodenoberfläche sorgt dafür, dass der Boden

nicht so schnell austrocknet, bei Starkregen nicht weggeschwemmt wird und sich das Bodenleben positiv entwickelt. Dafür kommen ganz unterschiedliche Materialien infrage:
– **Organische** wie Rindenhumus, Holzhäcksel, Nadelstreu, Kompost, Rasenschnitt oder Miscanthus-Häcksel und
– **Mineralische** Materialien wie Kies oder Splitt.

Nicht jeder Mulch eignet sich überall gleich gut und wie im Leben auch heißt auch hier die Devise nicht ungedingt »viel hilft viel«.

Das sind die Mulchmaterialien, die du im Garten verwenden kannst und die sich nach unseren Erfahrungen am besten bewährt haben:

- **Falllaub** ist das natürlichste Mulchmaterial für Bäume und Sträucher. In der Natur bleibt es liegen und schützt dort seit Jahrtausenden den Boden. Auch im Garten sorgt Laub unter Gehölzen und Hecken für ein ausgeglichenes Bodenklima, hält Feuchtigkeit und fördert ein aktives Bodenleben. Beim langsamen Abbau entsteht wertvoller Humus, der die Gehölze langfristig versorgt. Besonders gut geeignet ist Laub von Laubbäumen; lediglich sehr dicke, luftundurchlässige Schichten solltest du vermeiden.
Fazit: Die Natur bietet wie so oft die beste Lösung, Herbstlaub oder Laubhumus sind mit die besten Mulchmaterialen überhaupt.

- **Miscanthus-Häcksel** bestehen aus zerkleinerten Halmen des Chinaschilfs und sind ein besonders strukturstabiler, langlebiger Mulch. Sie unterdrücken Unkraut effektiv, verrotten langsam und sorgen für eine gute Durchlüftung der Bodenoberfläche. Durch ihren neutralen pH-Wert eignen sie sich für fast alle Bäume, Sträucher und Hecken gleichermaßen. Beim Abbau wird nur wenig Stickstoff gebunden, dennoch ist eine leichte Ergänzung mit Hornspänen sinnvoll.
Fazit: Nach Folkos Erfahrungen mit das beste Mulch-

Es gibt kein besseres Mulchmaterial als Falllaub. Es versorgt den Boden mit Nährstoffen und Humus.

Rindenmulch auf der Baumscheibe sorgt dafür, dass sich die Wurzeln darunter ohne Konkurrenz entwickeln können.

material, das man seinen Bäumen bieten kann. Durch die raue Struktur verzahnt sich der Mulch nach dem Angießen und wird auch bei Wind und Wetter nicht davon geweht.

- **Rasenschnitt** kann im Wurzelbereich verwendet werden, um Unkraut zu unterdrücken und den Boden vor Verschlämmung zu schützen. Achte darauf, ihn nur locker und nicht zu dick auszubringen, damit ausreichend Luft an den Boden gelangt. Nasser Rasenschnitt sollte erst antrocknen, da er sonst zu luftundurchlässigen Placken verklebe kann, unter denen das Bodenleben abstirbt.
  Fazit: Gut unter Hecken oder Obstbäumen.

- **Grüngutkompost** eignet sich ebenfalls zum Mulchen von Bäumen und Sträuchern, sollte aber nur dünn aufgetragen werden.
  Fazit: Schützt den Boden vor dem Austrocknen und versorgt die Gehölze gleichmäßig mit Nährstoffen – ideal vor allem für nährstoffliebende Sträucher und Hecken.

- **Rindenhumus** wirkt ähnlich wie Rindenhäcksel, wird aber schneller abgebaut, da die Rinde bereits teilweise verrottet ist. Dafür lässt er sich besonders gut im Wurzelbereich von Gehölzen verteilen und fügt sich optisch harmonisch ins Beet ein. **Fazit:** Gut für neu gepflanzte Bäume und Sträucher in schattigen oder halbschattigen Lagen.

- **Rindenhäcksel** sind (leider) ein Klassiker unter Bäumen, Sträuchern und Hecken. Sie unterdrücken Unkraut, da sie Gerbstoffe abgeben, die die Keimung hemmen. Zu viel kann aber auch das Wachstum deiner Bäume hemmen. Eine dünne Schicht, die nicht mehr als 5 bis 8 cm dick ist, reicht meist völlig aus. Die

Rinde verrottet mit der Zeit und verbessert dann den Humusgehalt im Boden. Der pH-Wert kann dabei leicht ansteigen – nicht so toll für Gehölze wie Rhododendron, die es gerne etwas saurer mögen. Und: Beim Verrotten entziehen die Rindenhäcksel dem Boden Stickstoff. Ein bis zwei Handvoll Hornspäne oder ein anderer organischer Stickstoffdünger pro Quadratmeter sorgen dafür, dass der Baum keinen Stickstoffmangel bekommt. **Fazit:** Rindenhäcksel sind okay, aber nicht die erste Wahl als Bodenschutz.

- **Holzhackschnitzel** sind ideal für größere Flächen unter neu gepflanzten Bäumen oder entlang von Hecken. Sie reduzieren die Verdunstung, schützen den Boden vor Verdichtung und halten ihn locker. Da beim Zersetzen des Holzes Stickstoff gebunden wird, solltest du beim Ausbringen etwas Hornspäne mit dazugeben. **Fazit:** Funktioniert, aber die Optik wirkt schnell künstlich und steril.

- **Stroh** wird seltener bei Gehölzen eingesetzt, kann aber bei frisch gepflanzten Sträuchern helfen, die Bodenoberfläche feucht zu halten. Unbedingt etwas Stickstoffdünger zufügen. **Fazit:** Funktioniert, aber es gibt bessere Alternativen wie beispielsweise gehäckselten Miscanthus.

- **Kies, Schotter, Splitt oder Sand** sind mineralische Mulche und können ebenfalls im Gehölzbereich eingesetzt werden, etwa bei trockenheitsverträglichen Sträuchern oder wenn man einen etwas formaleren Look haben möchte. Mineralische Mulche speichern Wärme, was vor allem für mediterrane Bäume wie Lorbeer, Mittelmeer-Zypressen oder Oliven von Vorteil ist.

Mineralischer Mulch wie Splitt oder Kies eignet sich besonders gut für Kiesgärten und mediterrane Pflanzungen.

TIPP

Auch Bodendeckende Stauden und Gräser sind auf eine Art »Mulch«. Sie bedecken den Boden, schützen ihn vor Austrocknung und verhindern, dass sich unerwünschte Wildkräuter in den Beeten ausbreiten können.

Der Schnitt im Sommer bremst das Wachstum und lässt die Triebe ausreifen. Besonders bei Obstbäumen wie dieser Birne ist das wichtig, um ein stabiles Astgerüst zu bekommen.

TIPP

Grundsätzlich gilt: Nicht schneiden, wenn Vögel im Baum nisten – der Schutz der Tiere hat immer Vorrang. Und: Gemäß der Vogelschutzverordnung darf bei allen Gehölzen zwischen März und September nur ein leichter Pflegeschnitt (beispielsweise Heckenschneiden) durchgeführt werden. Radikalere Rückschnitte oder gar Baumfällungen sind in dieser Zeit tabu!

Bäume richtig schneiden

Die Frage, ob ein Baum überhaupt geschnitten werden muss, stellen sich viele Gartenbesitzerinnen und Gartenbesitzer zu Recht. Schließlich wachsen Bäume in der Natur ganz ohne Schere oder Säge. Im Garten jedoch sind die Rahmenbedingungen andere: Der Platz ist begrenzt, Wege, Gebäude und Nachbargrundstücke setzen Grenzen, und oft erwarten wir zusätzlich Blüten, Früchte oder eine bestimmte Form. Deshalb gilt: Fast jeder Baum braucht im Laufe seines Lebens irgendwann einen Schnitt.

Bäume wachsen, altern, blühen und fruchten. Mit den Jahren verdichtet sich die Krone, Triebe konkurrieren miteinander, einzelne Äste sterben ab oder wachsen ungünstig. Der Schnitt hilft, diese Prozesse zu ordnen und zu lenken – zur Verjüngung, zur Größenbegrenzung, zum Auslichten oder um Blüten und Früchte gezielt zu fördern. In der Natur übernehmen das Stürme, Schneebruch oder Tiere, im Garten muss der Mensch lenkend eingreifen.

Äste werden immer senkrecht zur Astrichtung am Stamm abgeschnitten.

Wichtig ist, dass der Astring (Wulst am Astansatz) stehen bleibt. Er bildet nach dem Schnitt Kallus zur Überwallung.

Was ein Schnitt bewirkt

Jeder Schnitt ist ein Eingriff in die Entwicklung des Baumes. Du entscheidest damit, welche Triebe gefördert werden und welche nicht. Richtig eingesetzt, steuert der Schnitt das Wachstum, verbessert die Licht- und Luftversorgung in der Krone und erhöht die Vitalität. Bei vielen Arten lässt sich durch gezielten Schnitt auch die Blühfreude steigern oder der Fruchtansatz verbessern.

Darüber hinaus ist der Schnitt ein wichtiges Gestaltungsmittel. Er beeinflusst den Habitus (die Silhouette und Wuchsform) des Baumes: locker oder dicht, breit oder schlank, natürlich gewachsen oder klar geformt. Formschnitte spielen dabei ebenso eine Rolle wie behutsames Auslichten, das die natürliche Silhouette betont.

Wie der Baum auf Schnitt reagiert

Ein Baum strebt stets nach einem Gleichgewicht zwischen Wurzelmasse und Krone. Wird die Krone stark reduziert, reagiert der Baum mit kräftigem

TIPP

Der Astring ist die Verdickung am Astansatz – eine ringförmige Wulst, die den Ast mit dem Stamm verbindet. Hier sitzen spezielle Zellen, die Wunden überwallen und den Baum vor Krankheiten schützen. Schneide immer knapp außerhalb des Astrings – nie direkt am Stamm (das zerstört die Heilungszone) und nie mit langem Stummel (der fault und schadet dem Baum). Ein sauberer Schnitt am richtigen Ort heilt schnell und sauber.

TIPP

Desinfiziere Sägen und Scheren nach jedem Baum mit Spiritus oder Alkohol. So verhinderst du, dass Pilze, Bakterien oder Viren von Baum zu Baum wandern – besonders wichtig bei kranken Gehölzen. Ein einfacher Schritt, der große Wirkung hat und Bäume langfristig gesund hält.

Neuaustrieb. Dieser sogenannte Saftdruck sorgt dafür, dass viele neue Triebe entstehen, oft steil und sehr vital. Deshalb gilt eine wichtige Grundregel: Starker Schnitt führt zu starkem Austrieb.

Aus diesem Grund ist regelmäßiges, maßvolles Schneiden sinnvoller als seltene, radikale Eingriffe. Wer einmal schneidet, muss sich darüber im Klaren sein: Ein Schnitt zieht weitere Schnitte nach sich. Die Pflege wird planbar, wenn sie kontinuierlich erfolgt. Einfach nur zu schneiden, um des Schneidens willen, macht keinen Sinn.

Schwierig: Der radikale Rückschnitt führt zu vielen kleinen Nottrieben, die keine gute neue Krone bilden können.

Der richtige Zeitpunkt

Der Zeitpunkt des Schnitts beeinflusst die Reaktion des Baumes maßgeblich.

- Ein **Frühjahrsschnitt** regt das Wachstum an und eignet sich besonders für Aufbau- und Erziehungsschnitte.
- Ein **Sommerschnitt** wirkt eher bremsend, hilft beim Auslichten und bei der Größenregulierung.
- Ein **Schnitt im Herbst** ist nur bedingt empfehlenswert, da Wunden schlechter verheilen und Frostschäden drohen können.

Schnittarten

Beim Schneiden unterscheidet man drei Grundprinzipen:

- Direkt nach dem Pflanzen hilft der **Pflanzschnitt**, das Gleichgewicht zwischen Wurzeln und Krone wiederherzustellen.
- Der **Erhaltungsschnitt** dient dazu, die Struktur zu bewahren, abgestorbene oder ungünstige Triebe zu entfernen und die Krone locker zu halten.
- Mit dem **Verjüngungsschnitt** werden ältere Bäume dazu angeregt, neue, vitale Triebe zu bilden.

Nach innen wachsende und sich überkreuzende Äste und Zweige werden aus der Krone herausgeschnitten.

Im Spätwinter vor dem Laubaustrieb kann man die Struktur der Krone am besten erkennen und schneiden.

Die wichtigsten Schnittformen

Jeder Schnitt hat seinen Sinn und löst unterschiedliche Reaktionen deines Baumes aus. Wenn du das einmal verinnerlicht hast, kannst du viel gezielter an das Thema herangehen und weißt genau, was du tust.

- Beim **Einkürzen** werden Triebe verkürzt, um das Wachstum zu lenken oder die Länge gezielt zu begrenzen.
- Beim **Umlenken** schneidest du auf einen seitlich stehenden Trieb zurück, um die Wuchsrichtung zu verändern.
- **Verschlanken** reduziert die Krone gezielt, ohne den Baum stark zu verkleinern.
- **Auslichten und Aufasten** bringen Licht und Luft in die Krone und schaffen klare Strukturen.

Werkzeug

Saubere Schnitte sind entscheidend für die Gesundheit des Baumes. Verwende immer scharfes, gut gepflegtes Werkzeug: Gartenscheren für dünne Triebe, Astscheren oder Sägen für stärkere Äste. Eine stabile Leiter, Handschuhe und eine Schutzbrille erhöhen die Sicherheit. Gequetschte oder ausgefranste Schnitte erschweren die Überwallung. Desinfiziere das Werkzeug regelmäßig, um Krankheitsübertragung zu verhindern.

» GERADE BEI BÄUMEN BIN ICH DER MEINUNG, DASS SIE KAUM SCHNITT BRAUCHEN. SIE HABEN EINEN NATÜRLICHEN WUCHS UND WENN MAN SIE PASSEND PFLANZT UND DER PLATZ DA IST, SOLLTE MAN SIE EINFACH WACHSEN LASSEN. ICH WERDE SO OFT GEFRAGT, WANN BÄUME GESCHNITTEN WERDEN MÜSSEN. GAR NICHT, IST DANN MEISTENS MEINE ANTWORT. DAS GILT NATÜRLICH NICHT FÜR OBSTBÄUME. «

— EURE SONJA

» EINE SCHUTZAUSRÜSTUNG WIE HANDSCHUHE UND EINE SCHUTZBRILLE IST WIRKLICH WICHTIG. ICH HATTE MIR MAL BEIM SCHNEIDEN EINER EIBE AN EINEM ASTENDE DEN UNTERARM AUFGESCHÜRFT. GERADE BEI GEHÖLZEN MIT GIFTIGEN INHALTSSTOFFEN WIE EIBEN, GOLDREGEN, THUJA, LIGUSTER ODER BUCHSBAUM KANN DAS ZU REIZUNGEN FÜHREN. BEI MIR HAT DER KRATZER ÜBER VIER WOCHEN GEBRAUCHT,UM ZU VERHEILEN. «

— EUER FOLKO

Garten- oder Rosenscheren sind ideal zum Schneiden dünner Triebe und junger Zweige. Bypass-Modelle schneiden mit zwei gegeneinander gleitenden Klingen und trennen die Rinde sauber von beiden Seiten. Dadurch entstehen glatte Schnittflächen, die zügig verheilen. Diese Scheren sind das wichtigste Werkzeug für den regelmäßigen Pflege- und Erhaltungsschnitt.

Astscheren verfügen über längere Griffe, die als Hebel wirken. Damit lassen sich lebende Äste mit einem Durchmesser von etwa 3 bis 4 cm schneiden. Sie kommen vor allem dort zum Einsatz, wo eine Gartenschere nicht mehr ausreicht, ein Sägeschnitt aber noch nicht notwendig ist.

Ambossscheren schneiden mit der Klinge gegen eine feste Auflagefläche. Der Ast wird dabei gequetscht, was die Wundheilung beeinträchtigt Sie eignen sich nur für abgestorbene Äste.

Astsägen sind für dicke Äste erforderlich. Moderne Sägen arbeiten mit ziehendem Schnitt und ermöglichen saubere, kontrollierte Schnitte auch bei größerem Durchmesser. Einige Modelle haben einen Verlängerungsstiel, um höher gelegene oder schwer erreichbare Äste vom Boden aus zu entfernen.

Leitern sind unabdingbar, um sicher an höher gelegene Äste zu gelangen. Sie müssen standsicher sein und auf festem Untergrund stehen.

Heckenscheren sind zum Schneiden von Form- und Schnitthecken eine sinnvolle Ergänzung. Akkubetriebene Geräte sind leise und flexibler in der Handhabung, da kein Kabel stört.

Schutzbrillen sind kein Luxus, sondern eine einfache Sicherheitsmaßnahme. Abbrechende Zweige, zurückschnellende Äste oder Holzspäne landen schneller im Gesicht, als man denkt. Mit einer leichten Schutzbrille behältst du den Überblick – und deine Augen bleiben zuverlässig geschützt.

Die Praxis

Geschnitten wird immer auf Knospe oder Trieb, größere Äste werden sauber am Astring abgesägt – ohne Stummel, die auch als Kleiderhaken bezeichnet werden.

Bei größeren Ästen erfolgt der Schnitt immer in Etappen. Zuerst schneidest du den Ast, der entfernt werden soll, etwa 20 bis 30 cm vom Stamm entfernt von unten ein. Dann wird er vom Stamm weg versetzt davon von der Oberseite her abgesägt. Er bricht dann an dieser Stelle ab, reißt aber die Rinde nicht auf der Astunterseite mit ab, was den Wundverschluss behindert. Mit einem dritten Schnitt wird der

Aststummel dann am Astring ganz weggeschnitten.

Wundverschlussmittel sind in der Regel nicht notwendig; der Baum verschließt (überwallt) die Schnittstelle selbst.

TIPP

Nach dem Schnitt beginnt der Baum, die offenen Leitungsbahnen zu verschließen, damit keine Schaderreger wie Pilze oder Bakterien in das Holz eindringen können. Denn: Eine Schnittwunde kann nicht »heilen«, sie wird vom Baum nur mit neuer Rinde überwallt. Im Frühjahr oder Sommer während der Wachstumsperiode dauert das selten länger als ein paar Tage. Im Winter, wenn sich der Baum in der Ruhephase befindet, kann das aber auch schon mal sechs bis sieben Wochen dauern, bis die Leitungsbahnen wieder geschlossen sind. Damit Schaderreger keine Chance haben, sollte die Schnittfläche nicht zu groß (ideal unter 5 cm) sein und nie im Spätherbst oder Frühwinter geschnitten werden.

1. Garten- oder Rosenschere. Regelmäßiges Desinfizieren beugt Krankheiten vor. | **2.** Astschere mit langen Griffen für mehr Hebelwirkung | **3.** Astsäge mit Verlängerungsgriff | **4.** Schutzbrille gegen Splitter und Sägespäne | **4.** Standsichere Leitern

TRANSPARENZSCHNITT UND AUFASTEN

TRANSPARENZSCHNITT FAKT #1 MEHR LICHT, MEHR LUFT, MEHR PLATZ

Beim Aufasten und beim Transparenzschnitt gilt: weniger ist mehr. Ziel ist nicht, den Baum zu »formen«, sondern seine natürliche Struktur sichtbar zu machen. Entferne gezielt einzelne, störende oder sich kreuzende Äste, statt viele kleine Schnitte zu setzen. So bleibt die Krone licht, stabil und vital – und der Baum dankt es mit gesundem Wachstum und einer schönen, klaren Silhouette.

Beim Aufasten werden die untersten Äste schrittweise entfernt, damit Stamm und Krone klarer zur Geltung kommen. Das sollte über mehrere Jahre erfolgen, nie alles auf einmal. Der Transparenzschnitt lichtet die Krone von innen aus, sodass Licht, Luft und Regen wieder besser zum Boden durchdringen können – ganz nebenbei gibt es unter dem Gehölz mehr Platz für noch mehr Pflanzen. Wenn du regelmäßig und behutsam vorgehst, bleibt der Baum gesund, stabil – und wirkt ganz selbstverständlich schön.

TRANSPARENZSCHNITT FAKT #2 EIN DRITTEL IST DAS MAXIMUM

Nie mehr als ein Drittel der Krone auf einmal entfernen. Sonst gerät der Baum in Stress, bildet massenweise Wassertriebe (senkrechte, weiche Triebe ohne Struktur) und wird anfällig für Krankheiten. Die Krone verliert ihre natürliche Form und der Baum braucht Jahre, um sich zu erholen. Lieber über mehrere Jahre verteilen – so bleibt der Baum gesund und behält seine schöne Silhouette.

TRANSPARENZSCHNITT FAKT #3 GEEIGNETE ARTEN

Besonders gut lassen sich Magnolien und Fächer-Ahorne auslichten, da sie eine klare Triebstruktur besitzen und auf Schnitt gut reagieren. Unter den Nadelgehölzen sind viele Arten geeignet, besonders Zedern, die durch Auslichten ihre elegante Kronenstruktur erst richtig zeigen. Eine Ausnahme mit besonders hoher Schnittverträglichkeit ist die Eibe, die selbst starke Eingriffe gut verkraftet. Bei den Blüten- und Ziersträuchern zählen Forsythien, Kamelien, Hortensien – einschließlich der Rispen-Hortensien –, Hibiskus, Azaleen und Rhododendron, Flieder, Mahonien, Weigelien und Deutzien zu den geeigneten Kandidaten. Auch Buchs lässt sich durch Auslichten im Inneren luftiger und gesünder halten.

TRANSPARENZSCHNITT FAKT #4 AUFASTEN

Aufasten gelingt besonders gut bei Gehölzen mit klarer Stamm- oder Triebstruktur und guter Schnittverträglichkeit. Neben vielen Bäumen lassen sich auch Großsträucher und einige Nadelgehölze gut aufasten. Bewährt haben sich unter den Bäumen Hainbuche, Feld- und Spitz-Ahorn, Linde, Platane, Elsbeere, Amberbaum, Magnolie und Zier-Kirschen. Bei den Sträuchern eignen sich vor allem Felsenbirne, Großer Schneeball, Hartriegel, Liguster und Hasel. Unter den Nadelgehölzen lassen sich Eiben besonders gut aufasten.

Ein Rückschnitt im Spätwinter fördert die Bildung neuer, kräftiger Triebe.

Neues Leben für alte Sträucher

Viele Sträucher können Jahrzehnte alt werden, wenn sie regelmäßig gepflegt werden. Mit zunehmendem Alter verändern sich jedoch Wuchs und Vitalität: Der Strauch wird dicht, blüht weniger, treibt vor allem an den äußeren Enden und verkahlt im Inneren. Genau hier setzt der Verjüngungsschnitt an.

Ziel der Verjüngung ist es, den Strauch wieder ins Gleichgewicht zu bringen. Alte, schwach blühende oder abgestorbene Triebe werden entfernt, damit junge, vitale Triebe nachwachsen können. Licht und Luft gelangen wieder ins Innere, der Neuaustrieb wird angeregt, und die natürliche Wuchsform stabilisiert sich. Anders als beim reinen Formschnitt geht es bei der Verjüngung nicht um äußere Ordnung, sondern um langfristige Vitalität und Blühfähigkeit.

Wie reagieren Sträucher auf Schnitt?

Sträucher reagieren wie Bäume auf Schnitt nach dem Prinzip des Gleichgewichts zwischen oberirdischem Wachstum und Wurzelmasse. Wird ein großer Teil der Triebe entfernt, reagiert der Strauch mit verstärktem Austrieb aus der Basis. Dieser Effekt ist erwünscht, und kann gezielt genutzt werden:

Ein starker Rückschnitt führt zu kräftigem Neuaustrieb, oft mit langen, aufrechten Trieben. Deshalb ist es sinnvoll, sehr alte oder vernachlässigte Sträucher nicht immer in einem Schritt zu verjüngen, sondern den Schnitt auf zwei bis drei Jahre zu verteilen. So bleibt der Strauch strukturstabil, und die Pflege lässt sich besser steuern.

TIPP

Ein sauberer Schnitt mit scharfem Werkzeug ist Voraussetzung für eine gute Wundheilung. Geschnitten wird immer knapp oberhalb einer Verzweigung oder direkt an der Basis, ohne Stummel stehen zu lassen.

Sommerblüher wie Weigelien werden direkt nach der Blüte zurückgeschnitten.

Haselsträucher können zum Verjüngen komplett »auf den Stock« gesetzt werden und treiben dann von unten neu aus.

TIPP

Nach einem starken Rückschnitt steckt der Strauch viel Energie in den Neuaustrieb. Eine dünne Gabe reifen Komposts im Wurzelbereich liefert dafür genau die richtigen Nährstoffe – schonend, ausgewogen und ohne die Pflanze zu »überfüttern«. Der Kompost verbessert zusätzlich die Bodenstruktur und unterstützt das Bodenleben. Wichtig: Nicht einarbeiten, sondern locker aufstreuen und bei Trockenheit gut angießen.

Der richtige Zeitpunkt

Der Zeitpunkt des Schnitts ist entscheidend für Blüte und Regeneration. Maßgeblich ist dabei, ob der Strauch am alten oder am jungen Holz blüht.

- **Frühjahrsblühende** Sträucher bilden ihre Blütenknospen im Vorjahr. Sie werden nach der Blüte geschnitten, damit die Blütenanlage für das kommende Jahr nicht entfernt wird.
- **Sommerblühende** Sträucher blühen am diesjährigen Holz. Sie werden vor dem Austrieb im Spätwinter oder zeitigen Frühjahr, geschnitten.

Der optimale Zeitraum für stärkere Verjüngungsschnitte ist in der Regel zwischen Februar und März/Anfang April, wenn keine strengen Fröste mehr zu erwarten sind.

So geht Verjüngung

Beim Verjüngungsschnitt werden vor allem ganze Triebe entfernt, nicht nur eingekürzt. Ziel ist es, Platz für neue Triebe zu schaffen.

1. Alte, dicke Triebe werden bodennah oder an der Basis entfernt.
2. Schwache, nach innen wachsende oder sich kreuzende Triebe werden vollständig herausgenommen.
3. Junge, kräftige Triebe bleiben stehen und bilden das Grundgerüst für den Neuaufbau.

COPPICING

COPPICING FAKT #1 AUF DEN STOCK SETZEN

Beim Coppicing, also dem bodennahen Rückschnitt von Gehölzen, werden Pflanzen bewusst »auf Stock gesetzt«. Viele Arten reagieren darauf mit besonders kräftigem Neuaustrieb, großen Blättern, intensiven Farben oder markanten Trieben. Im Garten ist Coppicing ein gezieltes Werkzeug, um Gehölze zu verjüngen, ihre Größe zu kontrollieren oder gestalterische Akzente zu setzen – ohne ihnen zu schaden.´

COPPICING FAKT #2 URALTE BÄUME DURCH COPPICING

Manche Coppicing-Stöcke sind über 1.000 Jahre alt – obwohl die sichtbaren Triebe nur wenige Jahre zählen. In England gibt es Haselstöcke, die nachweislich seit dem Mittelalter regelmäßig geschnitten werden. Durch das Coppicing bleibt der Baum biologisch jung, während sein Stock uralte Zeuge der Zeit ist – eine lebendige Verbindung zur Vergangenheit.

COPPICING FAKT #3 ZEITPUNKT

Geschnitten wird im späten Winter, bevor der Austrieb beginnt. Die Triebe werden etwa 10 bis 30 cm über dem Boden entfernt. Ein bodennaher Schnitt sorgt für besonders starke Neutriebe, höhere Schnitte auf 30 oder 50 cm ergeben buschigere, lockerere Formen. Danach treiben die Pflanzen aus dem Stock neu durch. Vor allem bei Ziergehölzen entsteht so ein ganz anderer, oft besonders ausdrucksstarker Charakter – mit großem Blattwerk und leuchtenden Rindenfarben. Beim Coppicing muss nicht jedes Jahr geschnitten werden. Viele Gehölze kommen gut damit zurecht, nur alle zwei oder drei Jahre auf Stock gesetzt zu werden.
Du kannst auch mit der Schnitthöhe spielen. Unterschiedliche Höhen innerhalb einer Pflanzung bringen Spannung ins Bild. Coppicing ist weniger starre Technik als ein Experimentierfeld für lebendige Gartengestaltung.

COPPICING FAKT #4 GEEIGNETE ARTEN

Heimische Gehölze
Hasel (*Corylus avellana*)
Hartriegel (*Cornus*)
Weiden (*Salix*)
Holunder (*Sambucus*)
Hainbuche (*Carpinus betulus*)
Feld-Ahorn (*Acer campestre*)

Ziergehölze
Blauglockenbaum (*Paulownia*)
Trompetenbaum (*Catalpa*)
Perückenstrauch (*Cotinus*)
Maulbeere (*Morus*)

COPPICING FAKT #5 KEIN WERKZEUG? NUTZE FEUER!

In manchen Kulturen wird Coppicing nicht mit der Axt, sondern durch kontrolliertes Abbrennen gemacht. Das Feuer regt den Stock zu kräftigem Neuaustrieb an, tötet Schädlinge ab und bringt Nährstoffe in den Boden. Diese Technik wird heute noch in mediterranen Regionen und Teilen Afrikas angewendet.

Bei Krankheiten wie hier die Kräuselkrankheit bei Pfirsich immer erst zur Pflanzenschutzberatung gehen. Auf keinen Fall wild drauf los spritzen.

Troubleshooting – Was tun, wenn's mal nicht läuft?

Wenn Pflanzen kümmerlich wachsen, eingehen oder ständig überwuchert werden, steckt fast nie »Pech« dahinter – meist ist es ein Mix aus Boden, Standort und Pflege. Der wichtigste Schritt ist deshalb: nicht sofort gießen, düngen, schneiden oder hacken, sondern erst einmal herausfinden, was das Problem ist, und was die Ursache.

Nährstoffe: selten zu wenig, oft zu viel

Auf normalen Gartenböden ist »zu wenig Nährstoff« eher die Ausnahme. Häufiger ist das Gegenteil: viel Kompost, viel Dünger – und am Ende ein unausgewogenes Nährstoffbuffet.

Manchmal sind Nährstoffe zwar da, aber die Pflanze kommt nicht ran: etwa wenn der Boden zu trocken ist oder der pH-Wert nicht passt. Typisch ist das bei Spurenelementen wie Eisen. Dann hilft »mehr Dünger« nicht, sondern: Standortbedingungen verbessern und den Boden nicht aus dem Gleichgewicht bringen.

Pflanze passt nicht zum Platz

Manchmal ist es ganz simpel: Die Pflanze will etwas, das der Standort nicht hergibt. Ein Rhododendron wird auf trockenem, kalkigem Boden nie glücklich – egal wie sehr man sich bemüht. Der beste Trick: Schau in der Nachbarschaft, was dort zuverlässig wächst, und lass dir in einer Gärtnerei vor Ort passende Arten empfehlen. Du sparst dir damit Jahre an Frust.

Zu trocken oder zu nass – beides ist Stress

Sehr trockene Stellen findest du oft in Hausnähe unter dem Dachüberstand: dort kommt wenig Regen hin, und der Boden ist vom Bau häufig verdichtet. Abhilfe schafft langfristig Humus (Kompost, Rindenhumus) und eine Mulchschicht, die Wasser im Boden hält.

Zu nasse Böden deuten fast immer auf Verdichtung hin: Wasser steht, weil es nicht wegkann. Wenn das Problem nicht extrem ist, helfen tiefwurzelnde Gründüngerpflanzen (z.B. Lupinen), die den Boden »aufbohren«. Wichtig:

Schwere Böden nie bearbeiten, wenn sie nass sind – schon ein Spaziergang mit Gummistiefeln kann sie weiter verdichten.

Zu viel Unkraut? Oft ein Zeichen von » zu gut gemeint «

Wenn Giersch, Quecke & Co. loslegen, ist das häufig ein Hinweis auf hohen Nährstoffdruck. Gartenpflanzen kommen dann nicht hinterher und werden einfach überrannt. Was hilft: konsequent jäten, Düngung runterfahren oder ganz einstellen und mulchen.

Schädlinge im Boden – trotz Pflege welkt alles

Manchmal sitzen die Probleme unter der Oberfläche: Engerlinge, Erdraupen oder Dickmaulrüsslerlarven knabbern an den Wurzeln – dann wirkt die Pflanze wie » zu trocken «, obwohl du gießt. Hier hilft vor allem Beobachtung: Larven beim Graben absammeln, Nützlinge fördern (Käfer, Igel, Vögel). Bei manchen Schädlingen sind Nematoden eine wirksame, biologische Hilfe.

Bodenmüdigkeit: wenn am gleichen Platz immer dasselbe steht

Wenn Pflanzen plötzlich schlecht wachsen, obwohl früher alles prima lief, kann Bodenmüdigkeit dahinterstecken. Häufig passiert das bei Monokultur über Jahre (klassisch: Rosen und andere Rosengewächse). Dann hilft oft nur: Standortwechsel, Fruchtfolge/Artenwechsel, Bodenleben aufbauen (Kompost, Humus) – und leider auch mal ein tiefer Bodenaustausch.

Wenn der Baum zu groß wird

Früher wurden oft Bäume gepflanzt, die für kleine Gärten eigentlich zu groß werden. Bei Laubbäumen kann man das noch regulieren – bei vielen Nadelbäumen ist » oben kürzen « keine gute Idee, weil sie dann unnatürlich reagieren und an Stabilität verlieren. Wenn ein Baum wirklich zur Gefahr wird, ist eine Fachfirma die sichere Lösung zum Entfernen. Der Vorteil: Du hast wieder jede Menge Platz für neue Bäume.

Wenn Blüten ausbleiben

Wenn Blütensträucher nicht blühen, liegt es fast immer an drei Ursachen: zu viel Stickstoff (macht Blätter, aber keine Blüten), falscher Standort oder Schnitt zur falschen Zeit. Wer im Frühjahr die Triebe wegschneidet, an denen die Pflanze ihre Knospen schon im Vorjahr angelegt hat, schneidet die Blüte schlicht mit ab.

SPEZIALFALL: VERTICILLIUM-WELKE

Vor allem bei Bäumen, die lange in Töpfen stehen, kann eine Infektion mit einem Pilz schnell passieren. Typisch für einen Pilz am Ahorn, der die Verticillium-Welke verursacht, sind komplett welke Äste. Das können auch wirklich große Äste sein, die auf einmal absterben. Sicher geht man, wenn der Anschnitt solch abgestorbener Äste eine schwarze Verfärbung zeigt. Der Pilz blockiert den Wasser- und Nährstofftransport. Ist ein Baum vom Verticillium-Pilz befallen, kann man erstmal versuchen, alle befallenen Äste bis ins gesunde Holz hinein abzuschneiden. Ein Fungizid bringt in dem Fall nämlich leider nichts. Ganz wichtig: Alle befallenen Pflanzenteile über den Hausmüll und nicht den Kompost entsorgen und nach dem Schnitt alle Werkzeuge desinfizieren. Hilft das nicht und stirb der Baum komplett ab, sollte er großzügig ausgegraben und auch große Teile der Erde um den Baum ausgetauscht werden, da der Pilz im Boden verbleibt. Um ganz sicher zu gehen, sollte an gleicher Stelle am besten kein anderer Ahorn mehr gepflanzt werden.

DIE BESTEN BÄUME AUF EINEN BLICK

KUGELBÄUME

Name	Höhe in m	Breite in m	Blütezeit	Blütenfarbe	Standort
Kugel-Ahorn (*Acer platanoides* 'Globosum')	6–8	5–6	April–Mai	goldgelb	Sonne bis Halbschatten; normaler Gartenboden, nicht zu schwer
Kugel-Trompetenbaum (*Catalpa bignonioides* 'Nana')	4–7	4–7	Juni–Juli	weiß	Sonne; frisch, durchlässig, nährstoffreich
Esche 'Globosa' (*Fraxinus excelsior* 'Globosa')	6–8	5–6	Mai–Juni	grüngelb	Sonne; normaler Gartenbo-den, humos
Amberbaum 'Gumball' (*Liquidambar styraciflua* 'Gum-ball')	3–4	3–4	Mai	gelb, orange bis rot	Sonne bis Halbschatten; humos, leicht sauer, frisch bis feucht
Sumpf-Eiche 'Green Dwarf' (*Quercus palustris* 'Green Dwarf')	2–4	1,50–2	Mai	grüngelb	Sonne–Halbschatten; nährstoffreich, durchlässig, kalkfrei, feucht
Weißer Maulbeerbaum 'Nana' (*Morus* alba 'Nana')	2–3,50	2–3	Mai–Juni	grüngelb	Sonne bis Halbschatten; leicht, durchlässig, kalk-haltig
Bastard-Platane 'Alphen's Globe' (*Platanus × hispanica* 'Alphen's Globe')	5–8	4–7	Mai–Juni	grünlich-weiß	Sonne; durchlässig, kalk-haltig, tiefgründig
Kugel-Steppen-Kirsche (*Prunus fruticosa* 'Globosa')	2–3	2–3	April–Mai	weiß bis rosa	Sonne bis Halbschatten; frisch, nährstoffreich, kalk-haltig
Weiden-Birne (*Pyrus salicifolia*)	3–4	3–4	April–Mai	weiß	Sonne; anspruchslos, durch-lässig, nährstoffreich
Kugel-Robinie (*Robinia pseudoacacia* 'Umbra-culifera')	4–5	4–5	Juni–Juli	rosa bis purpur	Sonne; locker, durchlässig, nährstoffreich

SÄULENBÄUME

Name	Höhe in m	Breite in m	Blüte	Blütenfarbe	Standort
Säulen-Feld-Ahorn (*Acer campestre* 'Fastigiata')	4–6	2–3	Mai	grüngelb	Sonne bis Halbschatten; keine besonderen Ansprüche
Säulen-Felsenbirne 'Obelisk' (*Amelanchier alnifolia* 'Obelisk')	3–5	1–2	April–Mai	weiß	Sonne bis Halbschatten; normaler Gartenboden
Säulen-Hainbuche 'Fastigiata Monument' (*Carpinus betulus* 'Fastigiata Monument')	4–6	1,50–2	April–Mai	grüngelb	Sonne bis Halbschatten; durchlässig, nährstoffreich
Säulen-Weißdorn (*Crataegus monogyna* 'Stricta')	5–8	2–3	Mai–Juni	weiß	Sonne bis Halbschatten; bevorzugt kalkhaltig, tiefgründig, nährstoffreich
Farnblättriger Faulbaum 'Fine Line' (*Frangula alnus* 'Fine Line')	2,50–3,50	0,50–1	Mai–Juni	grüngelb	Sonne bis Halbschatten; frisch, feucht, sandig
Säulen-Blasenbaum (*Koelreuteria paniculata* 'Fastigiata')	4–8	1–2	Juli–August	gelb	Sonne; durchlässig, frisch, eher trocken
Amerikanischer Amberbaum 'Slender Silhouette' (*Liquidambar styraciflua* 'Slender Silhouette')	bis 15	1,50–2	März–April	grüngelb	Sonne; durchlässig, nährstoffreich, durchlässig, möglichst kalkfrei
Säulen-Tulpenbaum 'Ardis' (*Liriodendron tulipifera* 'Ardis')	8–9	5–8	Mai–Juni	grüngelb mit orangefarbenen Akzenten	Sonne bis Halbschatten; frisch, humos, sauer bis neutral, gut drainiert
Zier-Apfel 'Van Eseltine' (*Malus* 'Van Eseltine')	3,50–6	1–1,50	Mai–Juni	rosa bis weiß	Sonne bis Halbschatten; frisch, feucht, sandig-lehmig
Eisenholzbaum 'Persian Spire' (*Parrotia persica* 'Persian Spire')	bis 2,50	bis 1	März	rot	Sonne bis Halbschatten; frisch, feucht, durchlässig, humos
Säulen-Kirsche 'Amanogawa' (*Prunus serrulata* 'Amanogawa')	3,50–5	1–2	April–Mai	rosa	Sonne; nährstoffreich, humos, durchlässig, tiefgründig, eher kalkhaltig, sandig-lehmig
Rotlaubiger Säulen-Holunder 'Black Tower' (*Sambucus nigra* 'Black Tower')	1,50–2,50	1–2	Juni–Juli	weiß bis rosa	Sonne bis Halbschatten; frisch, humos, stickstoff- und nährstoffreich
Säulen-Vogelbeere (*Sorbus aucuparia* 'Fastigiata')	5–7	2–4	Mai–Juni	weiß	Sonne bis Halbschatten; frisch-feucht, humos, locker, leicht sauer

MEHRSTÄMMIGE GEHÖLZE

Name	Höhe in m	Breite in m	Blütezeit	Herbstfärbung	Standort
Roter Schlangenhaut-Ahorn (*Acer capillipes*)	6–10	4–6	Mai–Juni	gelb bis orange	Sonne bis Halbschatten; humos, nährstoffreich, gut drainiert
Zimt-Ahorn (*Acer griseum*)	6–9	4–6	April–Mai	leuchtend orange bis rot	Sonne bis Halbschatten; gut durchlässig
Feuer-Ahorn (*Acer tatarica* ssp. *ginnala*)	5–6	3–7	Mai–Juni	rot bis scharlachrot	Sonne bis Halbschatten; humos, nährstoffreich, durchlässig, kalkmeidend
Purpur-Hartriegel 'Sibirica' (*Cornus alba* 'Sibirica')	2–3	2–3	Mai–Juni	gelb bis rötlich	Sonne bis Halbschatten; normaler Gartenboden
Sieben-Söhne-des-Himmels-Strauch (*Heptacodium miconioides*)	3–4	2–3	August–Oktober	gelblich, eher unauffällig	Sonne bis Halbschatten; normaler Gartenboden
Eisenholzbaum (*Parrotia persica*)	4,50–9	4,50–7	März–April	gelb, orange, rot bis violett	Sonne bis Halbschatten; normaler Gartenboden; anpassungsfähig
Mahagoni-Kirsche (*Prunus serrula*)	6–10	4–6	April–Mai	gelb bis goldgelb	Sonne bis Halbschatten; frisch, nährstoffreich, neutral bis stark alkalisch

SCHIRMKRONEN

Name	Höhe in m	Breite in m	Blütezeit	Blütenfarbe	Standort
Fächer-Ahorn (*Acer palmatum*)	3–8	3–6	April–Mai	unscheinbar	Sonne–Halbschatten; durchlässig, locker, frisch–feucht, sauer–schwach alkalisch
Seidenakazie 'Ombrella' (*Albizia julibrissin* 'Ombrella')	8–10	8–10	Juli–August	rosa	Sonne; durchlässig, sandig, humos
Kupfer-Felsenbirne (*Amelanchier lamarckii*)	3–6	3–5	April	weiß	Sonne bis Halbschatten; normaler Gartenboden; anpassungsfähig
Blumen-Hartriegel (*Cornus kousa*)	3–6	3–4	Mai–Juni	grünlich gelb mit weißen Hochblättern	Sonne bis Halbschatten; locker, leicht sauer
Sieben-Söhne-des-Himmels-Strauch (*Heptacodium miconioides*)	3–4	2–3	August–Oktober	gelblich, eher unauffällig	Sonne bis Halbschatten; normaler Gartenboden
Rispiger Blasenbaum (*Koelreuteria paniculata*)	6–10	4–6	Juli–August	gelb	Sonne; durchlässig, frisch, eher trocken; hitzeverträglich
Japanische Blüten-Kirsche 'Shirotae' (*Prunus serrulata* 'Shirotae')	6–10	4–6	April–Mai	weiß	Sonne; anspruchslos, bevorzugt frisch bis feucht und nährstoffreich

BÄUME MIT SCHÖNER BLÜTE

Name	Höhe in m	Breite in m	Blütezeit	Blütenfarbe	Standort
Echte Pavie (*Aesculus pavia*)	5–8	4–6	Mai–Juni	rot	Sonne; frisch bis feucht
Seidenakazie 'Ombrella' (*Albizia julibrissin* 'Ombrella')	8–10	8–10	Juli–August	rosa	Sonne; durchlässig, sandig, humos
Kupfer-Felsenbirne (*Amelanchier lamarckii*)	3–6	3–5	April	weiß	Sonne bis Halbschatten; normaler Gartenboden; anpassungsfähig
Judasbaum (*Cercis siliquastrum*)	5–8	4–6	April–Mai	rosa	Sonne; normaler Gartenboden
Kornelkirsche (*Cornus mas*)	5–7	3–5	März–April	gelb	Sonne bis Halbschatten; keine besonderen Ansprüche, kalkliebend
Blumen-Hartriegel (*Cornus kousa*)	3–6	3–4	Mai–Juni	grünlich gelb mit weißen Hochblättern	Sonne bis Halbschatten; locker, leicht sauer
Eingriffliger Weißdorn (*Crataegus monogyna*)	3–8	3–6	Mai–Juni	weiß	Sonne bis Halbschatten; kalkhaltig, nährstoffreich
Tulpen-Magnolie (*Magnolia × soulangeana*)	4–8	4–6	März–April	weiß-rosa	Sonne bis Halbschatten; nährstoffreich
Zier-Apfel 'Evereste' (*Malus* 'Evereste')	5–8	3–6	April–Mai	weiß, am Rand rosa gestreift	Sonne; normaler Gartenboden locker, durchlässig
Zier-Apfel 'Red Sentinel' (*Malus* 'Red Sentinel')	4–5	2–4	Mai	weiß, rosa angehaucht	Sonne bis Halbschatten; normaler Gartenboden
Japanische Blüten-Kirsche 'Shirotae' (*Prunus serrulata* 'Shirotae')	6–10	4–6	April–Mai	weiß	Sonne; anspruchslos, bevorzugt frisch bis feucht und nährstoffreich
Blut-Pflaume (*Prunus cerasifera* 'Nigra')	5–7	3–6	März–April	rosa	Sonne; jeder Gartenboden
Steppen-Kirsche (*Prunus fruticosa*)	3–5	2–4	April	weiß	Sonne; trocken, alkalisch
Frühjahrs-Kirsche 'Autumnalis' (*Prunus subhirtella* 'Autumnalis')	4–5	3–5	März–April	rosaweiß bis weiß	Sonne; normaler Gartenboden, durchlässig
Tokio-Kirsche (*Prunus × yedoensis*)	6–10	5–7	April	weiß	Sonne; bevorzugt frisch bis feucht, neutral bis stark alkalisch

Name	Höhe in m	Breite in m	Blütezeit	Blütenfarbe	Standort
Japanischer Storaxbaum (*Styrax japonica*)	3–6	3–4,50	Juni–Juli	weiß	Sonne bis Halbschatten; frisch, durchlässig, gerne sauer
Garten-Flieder (*Syringa vulgaris*)	4–6	2,50–3,50	Mai–Juni	lila bis violett	Sonne; nährstoffreich, gut durchlässig, kalkliebend
Kaspische Tamariske (*Tamarix ramosissima*)	5–7	4–6	Mai–Juli	rosa	Sonne; trocken, frisch, nährstoffreich, durchlässig

GEHÖLZE MIT ATTRAKTIVER HERBSTFÄRBUNG

Name	Höhe in m	Breite in m	Blüte	Herbstfärbung	Standort
Zimt-Ahorn (*Acer griseum*)	6–9	4–6	April–Mai	leuchtend rot	Sonne bis Halbschatten; gut durchlässig
Fächer-Ahorn (*Acer palmatum*)	3–8 (je nach Sorte)	3–6	April–Mai	gelb bis rot	Sonne–Halbschatten; durchlässig, frisch–feucht, sauer–schwach alkalisch
Feuer-Ahorn (*Acer tataricum* ssp. *ginnala*)	5–6	3–7	Mai–Juni	rot bis scharlachrot	Sonne bis Halbschatten; humos, nährstoffreich, durchlässig, kalkmeidend
Kupfer-Felsenbirne (*Amelanchier lamarckii*)	3–6	3–5	April	leuchtend gelb, orange bis rot	Sonne bis Halbschatten; normaler Gartenboden; anpassungsfähig
Kuchenbaum (*Cercidiphyllum japonicum*)	8–10	4,50–7	April	gelb bis scharlachrot	Sonne bis Halbschatten; normal bis sauer, nährstoffreich, lehmig-tonig
Kanadischer Judasbaum (*Cercis canadensis*)	5–8	4,50–8	März–April	orange bis rot	Sonne; normaler Gartenboden, durchlässig; geschützt
Judasbaum (*Cercis siliquastrum*)	3,50–6	2–4	April–Mai	gelb bis rot	Sonne; trocken, kalkhaltig; geschützt
Blumen-Hartriegel (*Cornus florida*)	4–6	1,50–2,50	Mai	scharlachrot bis violett	Sonne bis Halbschatten; locker, leicht sauer nährstoffreich

GEHÖLZE MIT ATTRAKTIVER HERBSTFÄRBUNG

Name	Höhe in m	Breite in m	Blüte	Herbstfärbung	Standort
Zimt-Ahorn (*Acer griseum*)	6–9	4–6	April–Mai	leuchtend rot	Sonne bis Halbschatten; gut durchlässig
Fächer-Ahorn (*Acer palmatum*)	3–8 (je nach Sorte)	3–6	April–Mai	gelb bis rot	Sonne–Halbschatten; durchlässig, frisch–feucht, sauer–schwach alkalisch
Feuer-Ahorn (*Acer tataricum* ssp. *ginnala*)	5–6	3–7	Mai–Juni	rot bis scharlachrot	Sonne bis Halbschatten; humos, nährstoffreich, durchlässig, kalkmeidend
Kupfer-Felsenbirne (*Amelanchier lamarckii*)	3–6	3–5	April	leuchtend gelb, orange bis rot	Sonne bis Halbschatten; normaler Gartenboden; anpassungsfähig
Kuchenbaum (*Cercidiphyllum japonicum*)	8–10	4,50–7	April	gelb bis scharlachrot	Sonne bis Halbschatten; normal bis sauer, nährstoffreich, lehmig-tonig
Kanadischer Judasbaum (*Cercis canadensis*)	5–8	4,50–8	März–April	orange bis rot	Sonne; normaler Gartenboden, durchlässig; geschützt
Judasbaum (*Cercis siliquastrum*)	3,50–6	2–4	April–Mai	gelb bis rot	Sonne; trocken, kalkhaltig; geschützt
Blumen-Hartriegel (*Cornus florida*)	4–6	1,50–2,50	Mai	scharlachrot bis violett	Sonne bis Halbschatten; locker, leicht sauer nährstoffreich
Rotdorn (*Crataegus laevigata* 'Paul's Scarlet')	4–6	1,50–2,50	Mai–Juni	rot	Sonne; nährstoffreich, mäßig trocken bis feucht, schwach sauer bis alkalisch
Weißdorn 'Splendens' (*Crataegus × persimilis* 'Splendens')	5–7	4–5	Mai–Juni	gelb, orange	Sonne; nährstoffreich, frisch, gut drainiert
Zier-Apfel (*Malus* in Sorten)	4–8	3–6	April–Mai	gelb, rot	Sonne; anpassungsfähig
Eisenholzbaum (*Parrotia persica*)	4,50–9	4,50–7	März–April	gelb, orange, rot bis violett	Sonne bis Halbschatten; normaler Gartenboden; anpassungsfähig
Zier-Kirsche (*Prunus* 'Accolade')	3,50–6,50	3–5,50	April–Mai	gelb, orange	Sonne; locker, tiefgründig, durchlässig, kalkig
Trauben-Kirsche 'Colorata' (*Prunus padus* 'Colorata')	6–8	4–8	April–Mai	leuchtend gelb-rot	Sonne bis Halbschatten; keine besonderen Ansprüche, schwach sauer
Japanische Blüten-Kirsche (*Prunus serrulata* 'Kanzan')	7–10	5–8	Mai	gelb, orange	Sonne; normaler lockerer Gartenboden, tiefgründig, gerne kalkig

Name	Höhe in m	Breite in m	Blüte	Herbstfärbung	Standort
Sumpf-Eiche 'Green Dwarf' (*Quercus palustris* 'Green Dwarf')	2–4	1,50–2	Mai	rot	Sonne bis Halbschatten; nährstoffreich, durchlässig, kalkmeidend, feucht
Scheinkamelie (*Stewartia pseudocamellia*)	4–6	2,50–4,50	Juni–August	gelb, orange, rot, orange	Sonne bis Halbschatten; frisch, feucht, aber nicht nass, leicht sauer bis sauer

DIE SCHÖNSTEN JAPANISCHEN AHORNE

Sorte	Höhe in m	Breite in m	Austrieb	Sommerlaub	Herbstlaub
Acer palmatum 'Beni Kawak'	v	1–1,50	korallenrot	grün	goldgelb bis orange
Acer palmatum 'Beni-Maiko'	2–3	2,50–2	karminrot	dunkelgrün	orange bis rot
Acer palmatum 'Bloodgood'	4–5	4–6	karminrot	dunkelrot	karminrot
Acer palmatum 'Dissectum Atropurpureum'	2–3	2,50–4	dunkelrot	dunkelrot	karminrot
Acer palmatum 'Emerald Lace'	1,8–2,5	3–3,5	gelbgrün	dunkelgrün	rot bis violett
Acer palmatum 'Orange Dream'	3–4	2–2,5	gelborange mit rotem Rand	hellgrün	orange bis rot
Acer palmatum 'Osakasuki'	2–3	1,5–2,5	gelblich grün	grün	dunkel orange bis karminrot
Acer palmatum 'Sangokaku'	2–3	1–1,50	hellgrün	grün mit rotem Rand	gelb bis rot
Acer palmatum "Dissectum Viridis'	2–3	2–4	hellgrün	hell- bis dunkelgrün	orange-gelb
Acer shirasawanum 'Autumn Moon'	1–1,8	1,2–1,5	hellgelb	grün	gelb-rot
Acer shirasawanum 'Jordan'	2–2,5	0,6–0,8	hellgelb	grün mit roten Spitzen	goldgelb bis orange

HEIMISCHE GEHÖLZE

Name	Höhe in m	Breite in m	Blütezeit	Herbstfärbung	Standort
Kornelkirsche (*Cornus mas*)	5–7	3–5	März–April	gelb, orange, rot	Sonne bis Halbschatten; keine besonderen Ansprü-che, kalkliebend
Hasel (*Corylus avellana*)	5–7	5–7	Februar–April	leuchtend gelb, oran-ge bis rot	Sonne bis Halbschatten; anspruchslos
Eingriffliger Weißdorn (*Crataegus monogyna*)	3–8	3–6	Mai–Juni	rot bis purpurn	Sonne bis Halbschatten; kalkhaltig, nährstoffreich
Pfaffenhütchen (*Euonymus europaeus*)	3–6	2–4	Mai–Juni	gelb bis rot	Sonne–Halbschatten; tole-rant, feucht, nährstoffreich, pH 5–7
Echter Faulbaum (*Frangula alnus*)	2–4	2–3	Mai–Juni	gelb bis orange	Sonne bis Schatten; an-spruchslos, feucht bis nass
Schlehe (*Prunus spinosa*)	1–3	2–3	April–Mai	keine auffällige Herbstfärbung	Sonne bis Halbschatten; anspruchslos, trocken bis frisch, nährstoffreich
Sal-Weide (*Salix caprea*)	3–5	3–4	März–April	gelb bis goldgelb	Sonne bis Halbschatten; an-spruchslos, verträgt Trocken-heit und Überschwemmungen
Schwarzer Holunder (*Sambucus nigra*)	3–7	3–6	Juni–Juli	gelb, orange, rot bis violett	Sonne bis Halbschatten; nährstoffreich, feucht
Vogelbeere (*Sorbus aucuparia*)	8–15	4–8	Mai–Juni	gelb bis orange	Sonne bis Halbschatten; frisch bis nass, kalkhaltig
Schneeball (*Viburnum opulus*)	2–4	2–3	Mai–Juni	rot bis purpurn	Sonne bis Schatten; durch-lässig, lehmig-humos Bo-den, frisch, gerne kalkhaltig

STRÄUCHER MIT SCHÖNEN BLÜTEN

Name	Höhe in m	Breite in m	Blütezeit	Blütenfarbe	Standort
Europäischer Perückenstrauch 'Royal Purple' (*Cotinus coggygria* 'Royal Purple')	2–4	2–4	Juni–Juli	gelblich	Sonne bis Halbschatten; kalkhaltig
Deutzie (*Deutzia* ssp.)	1,50–3	1,50–2,50	Mai–Juni	weiß bis rosa	Sonne bis Halbschatten; durchlässig, nährstoffreich
Echter Roseneibisch (*Hibiscus syriacus*)	1,50–3	1–2	Juli–September	weiß, rosa, violett oder blau	Sonne; windgeschützt, nährstoffreich
Kolkwitzie (*Kolkwitzia amabilis*)	2–4	2–4	Mai–Juni	rosa bis rotweiß	Sonne bis Halbschatten; anspruchslos, normaler Gartenboden
Tataren-Heckenkirsche (*Lonicera tatarica*)	3–4	3–4	Mai–Juni	rosa bis rot	Sonne bis Halbschatten; durchlässig, frisch, feucht
Falscher Jasmin, Pfeifenstrauch (*Philadelphus coronarius*)	2–4	2–3	Mai–Juni	weiß	Sonne bis Halbschatten; anspruchslos
Schneeball-Blasenspiere (*Physocarpus opulifolius*)	2–5	2–5	Juni–Juli	weiß bis rosa	Sonne bis Halbschatten; humos
Kurilen-Kirsche (*Prunus nipponica* var. *kurilensis*)	1–2	1,50–2	März–April	zartrosa	Sonne bis Halbschatten; frisch, durchlässig, nährstoffreich
Blut-Johannisbeere 'Atrorubens' (*Ribes sanguineum* 'Atrorubens')	1,50–2	1,50–2	April–Mai	karminrot	Sonne bis Halbschatten; frisch, humos
Kaspische Tamariske 'Pink Cascade' (*Tamarix ramosissima* 'Pink Cascade')	3–4	2–3	Juli–September	rosa	Sonne; normaler Gartenboden, locker, durchlässig, nährstoffreich
Mönchspfeffer (*Vitex agnus-castus*)	1–2	1–3	August–Oktober	blauviolett	Sonne bis Halbschatten; locker, durchlässig, frisch; trockenheitstolerant
Liebliche Weigelie (*Weigela florida*)	2,50–3	2–2,50	Mai–Juni	rosa	Sonne bis Halbschatten; normaler Gartenboden